U0180638

科技前沿课

任初轩 编

算力

人民日报出版社
北京

图书在版编目（CIP）数据

科技前沿课.算力 / 任初轩编.—北京：人民日报
出版社，2024.1
ISBN 978-7-5115-8090-0

Ⅰ.①科…　Ⅱ.①任…　Ⅲ.①科学技术—发展—研究
—世界②计算能力—研究　Ⅳ.①N11②TP302.7

中国国家版本馆CIP数据核字（2023）第218863号

书　　　名：**科技前沿课：算力**
　　　　　　KEJI QIANYANKE: SUANLI
作　　　者：任初轩

出 版 人：刘华新
责任编辑：蒋菊平　南芷葳
特约审稿：王　强
版式设计：九章文化

出版发行：人民日报出版社
社　　　址：北京金台西路2号
邮政编码：100733
发行热线：（010）65369527　65369846　65369509　65369510
邮购热线：（010）65369530　65363527
编辑热线：（010）65369528
网　　　址：www.peopledailypress.com
经　　　销：新华书店
印　　　刷：大厂回族自治县彩虹印刷有限公司
法律顾问：北京科宇律师事务所　010-83622312

开　　　本：710mm×1000mm　1/16
字　　　数：228千字
印　　　张：16.5
版次印次：2024年3月第1版　　2024年3月第1次印刷

书　　　号：ISBN 978-7-5115-8090-0
定　　　价：48.00元

目录

壹 算力：数字经济时代的新型生产力

贰 算力技术基建：新基建的重要组成部分

叁 "算网融合"：助力产业数字化转型升级

肆 "东数西算"：为经济高质量发展注入新动能

伍 算力+：赋能行业应用

陆 机遇与困难并存：算力的发展趋势

壹

算力：

数字经济时代的新型生产力

算力和数据是元宇宙和数字经济发展的关键要素

郑纬民

　　当前，我国数字经济蓬勃发展，区块链、人工智能、云计算等前沿信息技术快速融入生产生活。"十四五"规划和2035年远景目标纲要将"加快数字化发展，建设数字中国"单独成篇，并首次提出数字经济核心产业增加值占GDP（国内生产总值）比重这一新经济指标。随着互联网的进阶发展，数字信息技术革命的下一片蓝海呼之欲出。

　　从2021年开始，腾讯、Facebook（脸书）、微软等国内外互联网知名企业开始全力布局一个新的领域，即元宇宙。在它们看来，元宇宙是移动互联网的继任者。元宇宙的探索将推动实体经济与数字经济深度融合，推动数字经济走向新的阶段。探索发展元宇宙，有助于推动我国经济社会进一步加快数字化升级，以科技创新催生新发展动能。

郑纬民系中国工程院院士、清华大学教授。

壹　算力：数字经济时代的新型生产力

技术融合赋能实体经济

算力和数据是元宇宙和数字经济发展的基础，而元宇宙和数字经济的发展需要5 G基础上的"ABCD"，其中A是人工智能（Artificial Intelligence），B是区块链（Blockchain），C是云计算（Cloud），D是大数据（Big Data）。这几大技术创新融合发展，共同促进数字经济的发展，从而将数字经济应用到全社会的各类运行场景中。

元宇宙既包含数字经济中的5G、人工智能、区块链、云计算、大数据，也融合了对VR、AR、脑机接口、物联网等技术的前瞻布局。发展元宇宙，关键在于大力提升自主创新能力，突破关键核心技术，实现高质量发展。

算力的多元化和精细化应用

算力是元宇宙的基础要素，也是衡量数字经济发展的晴雨表。在物理世界中，电力是很重要的生产力要素。到了数字经济时代，算力成了非常关键的指标。人均算力可以反映一个地区的数字经济发展水平。数字政府、金融科技、智慧医疗、智能制造等互联网创新领域都需要算力支撑。

算力的发展速度非常快。在摩尔定律中，芯片性能每18个月翻倍，而现在算力翻倍的时间基本上可以缩短到3—4个月。但需要注意的是，要促进算力中心的健康发展，就需要明确数据中心、超算中心、智算中心这些"应用"是什么，也就是如何把这些多元化的算力对应到不同的应用场景之中。比如，智算中心的发展主要涉及图像处理、决策和自然语言处理三大类，不同的应用场景适配不同的算力中心是发展算力的关键一步。

现阶段，我国必须要提升算力供应的韧性，打造数字经济的坚实底座，开展多元化算力创新，基于硬件、软件的应用开展自主可控创新。此外，国家已经宣布要采取更加有力的政策和措施，让我国的二氧化碳排放力争于2030年前达到峰值，努力争取2060年前实现碳中和。数据中心依靠电力驱动，蓬勃发展的数据中心也是重要的碳排放源之一。所以，在发展算力时，我们必须要充分考虑碳排放因素，加快布局绿色智能的数据与计算设施，提高能源利用效率，加大清洁能源使用比例，推动"绿色计算"的发展。

数据的分布式存储和价值赋能

除了算力，建设元宇宙和数字经济的另外一项重要的基础要素就是数据。2020年4月，中共中央、国务院发布《关于构建更加完善的要素市场化配置体制机制的意见》，首次明确数据成为五大生产要素之一，并明确提出加快培育数据要素市场，推进政府数据开放共享，提升社会数据资源价值，加强数据资源整合和安全保护等要求。随着我国数字经济推进速度的加快，各行各业已经积累了大量的数据，为数据要素化、市场化奠定了稳固根基。现在，数据要素有了，关键是如何存储并使用这些数据。

元宇宙是一个由数据组成的世界，分布式数据存储成为维持元宇宙持久运转的基本方式。同时，在数据的使用过程中，数据生产者、管理者、整合者、使用者等角色之间的权利边界存在一定的模糊交叉，这导致数据要素的产权属性难以确认，也引发了大量数据滥用的情况，因而严重阻碍了数据要素的流通和使用。所以，数据确权是数据要素实现流通交易和市场化配置的重要前提。

区块链是解决这一系列问题的关键技术和基础设施。我们可以将区块链理解为一种"确权的机器"（为数据资源提供极低成本的确权工具），并在数据实现确权后打通流转，从而使数据真正成为一种资产，实现数据价值的最大化。除此之外，我们还要注意切实保障数据安全，完善数据资源确权、开放、流通、交易相关制度，保护个人隐私数据，加强关键信息基础设施安全保护，强化关键数据资源保护能力。

《民主与科学》2022年第1期

全球算力快速发展，算力竞争不断加剧

中国信息通信研究院

以 AIGC 为代表的人工智能应用、大模型训练等新需求、新业务的崛起，深刻影响全球经济社会发展变革，推动算力规模快速增长、计算技术多元创新、产业格局加速重构。算力助推全球数字经济发展的生产力作用更加凸显，成为各国战略竞争中不可忽视的新焦点。

一、算力规模稳定增长

全球算力规模保持高速稳定增长。 在以万物感知、万物互联、万物智能为特征的数字经济时代背景下，全球数据总量和算力规模继续呈现高速增长态势。根据 IDC 数据，2022 年全球数据总产量 81 ZB，过去五年平均增速超过 25%。经中国信息通信研究院测算，2022 年全球计算设备算力总规模达到 906 EFlops，增速达到 47%，其中基础算力规模[1]（FP32[2]）为 440 EFlops，智能算力规模[3]（换算为 FP32）为 451 EFlops，

---

[1]　基础算力规模按照全球近 6 年服务器算力总量估算。全球基础算力 = ∑_{近六年}（年服务器出货规模 × 当年服务器平均算力）。

[2]　FP32 为单精度浮点数，FP16 为半精度浮点数，FP64 为双精度浮点数。

[3]　智能算力规模按照全球近 6 年 AI 服务器算力总量估算。全球智能算力 = ∑_{近六年}（年 AI 服务器出货规模 × 当年 AI 服务器平均算力）。

科技前沿课：算力

超算算力规模[1]（换算为FP32）为16 EFlops。预计未来五年全球算力规模将以超过50%的速度增长，到2025年全球计算设备算力总规模将超过3 ZFlops，至2030年将超过20 ZFlops。

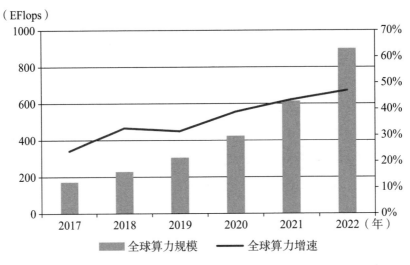

图1　全球算力规模及增速

来源：中国信息通信研究院、IDC、Gartner、全球超级计算机TOP500

算力多元化发展持续推进。多样化的智能场景需要多元化的算力，以AIGC为代表的人工智能应用、大模型训练等新应用、新需求快速崛起都对算力提出更高要求。**基础算力方面**，在全球数据中心快速发展的推动下，基础算力规模持续增长，其中云计算、边缘计算等场景依然是基础算力的主要应用场景。根据IDC数据，2022年全球云计算IaaS市场规模增长至1155亿美元，同比上涨26.2%。**智能算力方面**，近年新推出的大语言模型所使用的数据量和参数规模呈现"指数级"增长，使得智能算力需求爆炸式增加。以GPT大模型为例，GPT–3模型参数约为1746亿个，训练一

---

[1]　超算算力规模主要是基于全球超级计算机TOP500数据，并参考超算生产商的相关数据估算。

008

次需要的总算力约为3640 PF-days，即以每秒一千万亿次计算，需要运行3640天。2023年推出的GPT-4参数数量可能扩大到1.8万亿个，是GPT-3的10倍，训练算力需求上升到GPT-3的68倍，在2.5万个A100上需要训练90—100天。现阶段GPT模型训练主要依赖以A100/H100为代表的高性能GPU算力。**超算算力方面**，十年千倍定律依然在持续，橡树岭国家实验室（ORNL）的Frontier仍然是全球TOP500中唯一的百亿亿次级机器，通过优化GPU运行效率、提升系统能效比等方式，其运算性能从2022年首发时的1.102 EFlops，提升至2023年的1.194 EFlops，提升幅度达到8.4%。随着人工智能技术产业的发展，基础算力、智能算力、超算算力相互融合渗透，云计算中心和超算中心加速部署GPU等智算单元，以满足越来越复杂多样的算力需求。

二、算力产业繁荣发展

全球数字经济持续提速，服务器市场保持增长。整机方面，根据IDC数据，2022全球服务器市场出货量和销售额分别为1516万台和1215.8亿美元，同比增长12%和22.5%。戴尔在全球服务器市场上位居榜首，市场份额达到16.0%，HPE/新华三、浪潮、联想和IBM分列二到五位，市场份额分别为11.1%、8.3%、6.4%和5.0%。**芯片方面**，服务器芯片市场仍被x86架构所主导但出现松动，ARM市场份额已达8%，较2021年增加6个百分点。英特尔在服务器用CPU领域的主导地位受到削弱，AMD市场份额持续提升。根据Counterpoint数据，英特尔、AMD市场份额分别为71%、20%。英伟达、亚马逊、华为、阿里等国内外巨头推出的自研ARM服务器CPU得到更大规模应用，预计未来ARM服务器市场份额将进一步提升，成为通用算力的重要补充力量。通用服务器受AI需求暴涨、全球整机支出向AI倾斜影响，通用服务器市场被进一步压缩，2023年上半年通用服务器市场和CPU市场规模均出现下滑，其中二季度CPU市场同比下滑13.4%。

训练数据规模和模型复杂度暴增，推动AI服务器需求急速增长。整机方面，据IDC数据，2022年全球AI服务器市场规模达183亿美元，同比增长17.3%，与全球AI整体市场（含硬件、软件及服务）增长率持平，依然是AI整体市场增长的重要组成部分。在2022年上半年全球AI服务器市场中，浪潮、戴尔、HPE分别以20.2%、13.8%、9.8%的市占率位列前三，三家厂商总市场份额占比达43.8%，联想和华为位列第四和第五，市场份额分别为6.1%和4.8%。**芯片方面**，根据Precedence Research数据，2022年全球AI芯片市场规模为168.6亿美元，其中英伟达占比超过80%；全球AI服务器加速芯片市场主要被英伟达占据，市场份额超过95%。传统芯片巨头积极应对大模型训练爆发机遇，持续加速完善AI芯片产品体系，抢占多样性算力生态主导权。英特尔发布第四代至强处理器Sapphire Rapids，全面对人工智能算力进行加速；AMD发布面向AI推理和训练芯片MI300A；英伟达推出加载Transformer引擎芯片H100。2023年上半年，在全球半导体市场低迷的背景下，以GPU为代表的AI芯片和AI服务器实现逆市增长，其中英伟达二季度营收同比增长101%，实现翻番。

E级超算加速落地，超算厂商持续推出E级解决方案。整机方面，超算设备厂商纷纷加强产业整合和布局，在TOP500的榜单上，联想是目前最大的超级计算机制造商，共有170台[1]，全球占比34%；HPE有100台入围，占比20%，排名第二；浪潮、Atos、戴尔以43台、43台、24台分列三到五位，占比8.6%、8.6%、4.8%。英特尔与美国阿贡国家实验室合作完成超级计算机Aurora安装，其可提供2 EFlops的FP64算力，将成为全球首台每秒计算200亿亿次的超级计算机。英伟达发布超级计算机DGX GH200，其算力规模达到1 EFlops，支持万亿参数AI大模型训练。**芯片方面**，CPU仍以英特尔和AMD为主，TOP500榜单上使用英特尔CPU的超算高达360台，占比72%，121台使用AMD处理器，同比增加28台。此外异构计算芯

---

[1] 其中一台为与IBM合建，一台为与富士通合建。

片在超级计算机中应用越来越多，TOP500榜单上共有185台超级计算机使用了加速器/协同处理器技术，同比增加17台。其中168台使用了英伟达芯片，11台采用AMD芯片。

三、算力技术创新活跃

多技术协同升级推动先进计算持续发展。一方面，计算技术加速演进，异构计算成为智能计算周期高算力主流架构。在摩尔定律演进放缓、颠覆技术尚未成熟的背景下，以AI大模型为代表的多元应用创新驱动计算加速进入智能计算新周期，进一步带动计算产业格局的重构重塑。智能计算时代，搭载各类计算加速芯片的AI服务器、车载计算平台等将成为算力的主要来源。**另一方面，**先进计算体系化创新活跃，创新模式和重点发生转换，呈现出软硬融合、系统架构创新的特征。技术创新持续覆盖基础工艺、硬件、软件、整机不同层次，包括4nm及3nm工艺升级，互联持续高速化、跨平台化演进，软硬耦合加速智能计算进入E级时代。长期看，随着量子计算、光计算、类脑计算等前沿计算技术创新步伐的不断加快，2035年后先进计算将逐步开启非经典计算规模化落地应用的发展阶段。

人工智能计算芯片持续快速发展。一方面，以GPU为代表的通用加速芯片更新架构工艺持续升级性能，同时专用加速芯片仍在不断发展。大模型训练助推人工智能芯片向更深更广的应用领域落地，全场景芯片解决方案不断升级迭代，英伟达通过升级Tensor Core、引入Transformer引擎等架构创新方法，更新迭代CUDA并行计算架构软件算子库，实现对多种应用领域良好的支持；谷歌升级针对张量运算定制开发的专用加速芯片TPU v5e，单位价格具备v4加速芯片2倍的训练性能和2.5倍的推理性能，将成为支持LaMDA、MUM、PaLM等大规模语言模型的全新主力产品。**另一方面，**芯粒（Chiplet）和高带宽内存（HBM）技术助力智能算力破局跨越发展。芯粒可以实现不同工艺制程、不同类型芯片间立体集成，实现更大芯片面积、更大存储容量和更快互连速度。英伟达发布的GH200超级芯片，将72核的Grace CPU、H100 GPU、96GB的HBM3和512 GB的LPDDR5X集成，拥有高达2000亿个晶体管。HBM已成为高算力芯片不可或缺的关键组成部分，SK海力士通过TSV硅穿孔技术堆叠了多达12颗DRAM芯片，实现带宽达819 GB/s的HBM3量产，成为英伟达高性能GPU H100主要供应商。

表1　先进计算进入智能计算时代

代标	电子管晶体管时代	大小型机时代	PC时代	互联网时代	移动互联网时代	智能计算时代	非经典计算时代
时间	1945—1960年	1960—1975年	1975—1990年	1990—2005年	2005—2020年	2020—2035年	2035—2050年
代表计算设备	电子管计算机 晶体管计算机	大型机 小型机	超级计算机 个人计算机	个人计算机 通用服务器	通用服务器 智能手机	AI服务器 边缘服务器 嵌入式AI平台	量子计算机 光计算 类脑计算
主流计算器件	电子管、晶体管	早期专用集成电路	16/32位CPU	32/64位CPU	64位CPU 移动SoC芯片	计算加速芯片	量子芯片 光计算芯片 类脑芯片
重要基础软件	机器语言 汇编语言 高级语言	操作系统 数据库 程序设计语言	桌面操作系统	面向对象语言 开源操作系统	云操作系统 移动操作系统 深度学习框架 异构计算软件栈	面向大模型的深度学习框架 云边端协同软件栈	量子计算基础软件 类脑计算基础软件 ……
代表产品	ENIAC IBM709 TRADIC Metrovick 950	IBM 360 PDP-8/11 NOVA1200	Altair8800 IBM System Apple-1 Intel 8086	ThinkPad 700C 康柏 Intel Xeon	AWS平台 苹果iPhone 英特尔酷睿 高通骁龙	英伟达 A100/H100 英伟达DRIVE 英特尔至强可扩展 AMD霄龙	—
代表技术	电子管技术 晶体管技术 数字计算机	中小规模集成电路技术	大规模和超大规模集成电路技术 图形界面技术 计算机网络技术	集群计算技术 跨平台编程技术	虚拟化技术 并行计算技术 深度学习 异构计算技术	高速数据存储与处理 安全计算技术 绿色计算技术 泛在计算技术	量子计算技术 光计算技术 类脑计算技术

来源：中国信息通信研究院

前沿计算产业化螺旋式推进。存算一体、量子计算、光计算等前沿颠覆计算技术创新活跃，逐渐在部分领域展现出算力优越性，部分技术路线产业化进程加快。存算一体不仅能满足边缘侧低功耗需求，还具备大算力潜力，可应用于无人车边缘端以及云端推理和培训等场景。量子计算基础技术持续演进，谷歌将53个量子比特的超导量子计算系统扩展至72个量子比特，并且成功验证了量子纠错方案的可行性。量子计算在金融领域已取得初步商业化应用，在反欺诈、反洗钱等金融风控领域的场景具备比经典计算更快的计算速度和更高的客户画像精度。光计算方面，目前适用于人工智能等对计算精度要求不高场景的模拟光计算是主要技术路线，但包括量子、类脑等非经典计算路线也均在探索与人工智能的结合，光计算并不具备显著技术优势，部分光计算企业转向激光光源、光子网络等基础技术的研究，以寻求新应用领域的开拓。

四、算力赋能不断深化

算力不仅是电子信息制造业、软件和信息技术服务业、互联网行业、通信行业等信息技术产业快速发展的动力来源，也不断推进制造、交通、教育、媒体等传统产业数字化转型升级、带动产业产值增长、促进生产效率提升，并在商业模式创新、用户体验优化等方面发挥巨大作用。

算力成为数字产业化发展的发动机。算力作为数字经济核心产业的重要底座支撑，算力供给体系和算力基础设施的建设带动上下游产业链迅速发展。集成电路方面，据WSTS[1]统计，2022年全球计算相关集成电路销售额为1766亿美元，同比增长14%。服务器方面，2022年数据中心基础设施投资额稳定上涨，全球服务器市场销售额达1215.8亿美元，同比增长22.5%，单台服务器价值上升9%。云计算方面，在算力上云、企业上云以

---

[1] WSTS，World Semiconductor Trade Statistics，世界半导体贸易统计。

及行业数字化转型的带动下，云原生技术加速发展，并与人工智能技术深度融合带动更广领域的应用前景。据Gartner统计，2022年全球云计算市场规模达4910亿美元，同比增长20%，近两年平均增速24%，持续保持高速增长态势。

算力成为产业数字化转型的催化剂。算力的持续投入和算法模型、软件应用的快速演进为产业的数字化转型提供了强劲动力，算力正以一种新的生产力形式，直接改变生产方式本身。算力正加速向政务、工业、交通、医疗等各行业各领域渗透。在算力的加持下，工业数据的价值得以加速释放，智能引擎可以更好地优化生产资源、重构生产流程，提高制造业生产力。随着算力的提升，"车路协同""车网互联"的智能网联汽车正加快发展，"安全、畅通、低碳、高效"的交通网络正在加速构建。算力对生产方式的改变已走进办公领域，微软率先发布Microsoft 365 Copilot，作为一款基于GPT-4和Microsoft Graph的AI办公助手，能够重复工作流程自动化，为用户提供了一种全新工作方式，提升工作效率，解锁生产力。

算力成为全球经济增长的助推器。在数字经济时代，算力已成为继热力、电力之后新的生产力，能有效带动GDP增长，尽管全球GDP增长普遍放缓，但数字经济依然保持强劲增长势头。2022年全球算力规模增长47%，名义GDP增长3.8%，主要国家数字经济规模同比增长7.6%，比GDP增速高3.8个百分点。全球各国算力规模与经济发展水平密切相关，经济发展水平越高，算力规模越大。2022年算力规模前20的国家中有17个是全球排名前20的经济体，并且前五名排名一致，美国和中国依然分列前两位，同处于领跑者位置。与2021年相比，意大利、澳大利亚、巴西等国算力排名有所提升，世界第四快超级计算机"莱昂纳多"2022年11月24日于意大利博洛尼亚正式上线，算力达到250 PFlops。

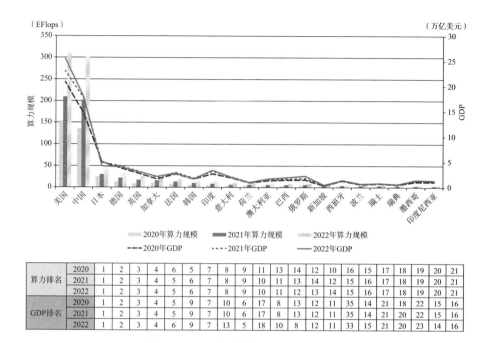

		美国	中国	日本	德国	英国	加拿大	法国	韩国	印度	意大利	荷兰	澳大利亚	巴西	俄罗斯	新加坡	西班牙	波兰	瑞士	瑞典	墨西哥	印度尼西亚
算力排名	2020	1	2	3	4	6	5	7	8	9	11	13	14	12	10	16	15	17	18	19	20	21
	2021	1	2	3	4	5	6	7	8	9	10	11	13	14	12	15	16	17	18	19	20	21
	2022	1	2	3	4	5	6	7	8	9	10	11	12	13	14	15	16	17	18	19	20	21
GDP排名	2020	1	2	3	4	5	9	7	10	6	17	8	13	12	11	35	14	21	18	22	15	16
	2021	1	2	3	4	5	9	7	10	6	17	8	13	12	11	35	14	21	20	22	15	16
	2022	1	2	3	4	6	9	7	13	5	18	10	8	12	11	33	15	21	20	23	14	16

图2　2022年全球算力规模与GDP关系

来源：中国信息通信研究院、IDC、Gartner、世界银行

五、算力竞争持续加剧

全球主要国家和地区持续加码推进算力发展。算力成为各国抢占发展主导权的重要手段，全球主要国家和地区纷纷加快战略布局进程。**美国**高度重视传统算力和新兴技术发展，通过国家投资和激励计划，持续巩固美国在半导体和前沿计算领域的全球领导地位。2022年8月，拜登正式签署《芯片与科学法案》，旨在巩固美国在半导体领域的地位，并强化算力基础设施应用和协同创新；2023年《国家量子计划》增加对量子计算机科学和软件工程的研发投资，包括量子算法、应用程序、软件以及软件开发工具。**日本**从国家层面制定数据中心和量子计算技术发展战略。2023年日本《半导体、数字产业战略》提出了"提高数据中心算力水平""战略性发展量子计算机""围绕云计算、量子经典混合计算、量子AI融合技术等推动

下一代计算机发展环境建设"等多项发展建议。**欧盟**不断加大前沿计算技术研发和算力发展的投入力度。2022年7月推出《欧洲创新议程》，支持量子计算打造影响力；《2023–2024年数字欧洲工作计划》提出投入1.13亿欧元提升数据与计算能力。

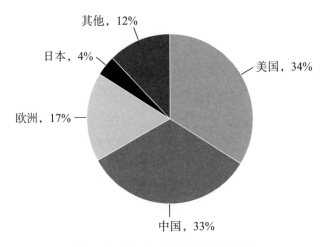

图3　2022年全球算力规模分布情况

来源：中国信息通信研究院、IDC、Gartner、全球超级计算机TOP500

　　全球算力竞争加剧，全球化面临挑战。算力规模方面，经中国信息通信研究院测算，美国、中国、欧洲、日本在全球算力规模中的份额分别为34%、33%、17%、4%，美国、中国占比与2021年持平，其中全球基础算力竞争以美国和中国为第一梯队，美国在全球基础算力排名第一，其份额达35%，中国以27%份额排名第二，较2021年上升1个百分点；智能算力方面，中国、美国处于领先，按照近6年AI服务器算力总量估算，中国和美国算力全球占比分别为39%和31%；美国、中国、日本在超级计算综合性能指标方面优势明显，总算力份额分别为47%、25%、13%。**全球化方面，**随着世纪疫情、地缘冲突等"黑天鹅"事件频出，全球化形势发生重大变化，世界各国均开始重视本土供应链稳定与安全，驱动全球产业链供应链格局体系发生重大变革。美西方发达国家均发布

科技前沿课·算力

相关国家战略和政策，加大对本土产业链供应链培育和保护力度，限制关键材料、计算芯片、设计软件、制造设备出口，以维持在关键原材料、计算芯片设计、半导体制造设备等方面的领先优势，给算力技术创新及产业生态带来新挑战。

　　本文节选自中国信息通信研究院发布的《中国算力发展指数白皮书（2023年）》，原载于"中国信通院CAICT"公众号

算力为何如此重要？

吴　洁

随着智能技术的飞速发展，人类社会已进入信息时代的智能化阶段。人脸识别、智能客服、人工智能、算法推送等成为智能化社会常见应用，在这些看得见的应用背后是看不见的算力在支撑。随着数据成为重要的生产要素之一，算力成为重要的生产力，对经济社会的发展发挥重要作用。

什么是算力？有人形容算力像水、电一样，"一点接入、即取即用"，算力简而言之就是计算能力。实际上，它随着人类生产生活的实践不断演进。算力经历了从结绳记事到计算机等智能计算设备的应用。算力最初表现为生物智能，即指算、口算、心算，后来开始与算筹、算盘等机械工具相结合。随着电子计算机等的出现和技术水平提升，算力走向电子化、数字化、智能化，对人类生产生活的影响进一步深化，成为世界各国关注的领域。20世纪40年代，世界上第一台数字式电子计算机诞生，标志着人类算力正式进入了数字时代，但其体积十分庞大，一直到半导体芯片出现后才有了高性能的超级计算机，进而展现出摩尔定律所预示的轨迹，即算力越来越强，机器体积却变得越来越小、越来越轻。那么算力是不是已经完全够用了呢？回答是：远远不够。因为虽然计算能力在不断提升，但是人类活动的复杂性也在不断提升，便进一步对算力提出更大要求。

人工智能技术的突破和产业数字化应用对算力提出了更高的要求。

当算力在千行百业落地应用时，不同精度的算力需要"适配"多样化的应用场景。特别是随着人工智能技术的高速发展，算力结构也随之演化，这就对算力提出了更高的要求，同时对智能算力的需求也与日俱增。可以说人工智能领域无一处不是对算力的考验，算力是人工智能发展的技术保障和动力引擎。人工智能技术向纵深发展，算力通过大规模数据处理技术和高性能计算能力的支撑，不断优化计算模型并将优化后的模型"固定"下来，推广应用至通用人工智能各种应用场景，形成新的生产力。大规模、大参数量预训练模型的出现，又使"预训练大模型+下游任务微调"成为解决人工智能技术落地难问题的突破口。算力、算法、数据新服务生态的形成，将进一步加快人工智能的普惠化。随着算力不断提高人工智能服务器功率密度以及人工智能应用场景的不断拓展，一些节能降耗新技术将得到进一步推广和应用。自2012年以来，人工智能模型训练算力需求3—4个月翻一番，每年人工智能训练模型所需算力增长幅度高达10倍。未来，为了更好地训练人工智能所耗费的算力也将不断增长。

算力对数字经济发展具有重要影响。数字经济发展关乎大国的竞争力。第一次工业革命让人类进入热力时代，第二次工业革命让人类进入电力时代，由计算机主导的第三次工业革命则让人类进入一个算力主宰的时代。算力成为拉动时代向前发展的新引擎。必须积极抢抓和牢牢把握住算力带来的机遇。一方面，我国算力成就明显，已成为世界第二算力大国。截至2022年底，我国算力总规模已经达到了180EFlops（每秒18000京次浮点运算），占全球算力规模超过30%，年增长率近30%，算力核心产业规模已达到1.8万亿元。2021年全球算力网络市场规模为231.68亿美元，2022年市场规模约为313.74亿美元。另一方面，我国算力领域还有较大提升空间。我国算力产业正在步入高质量发展的新阶段。我国将东部算力需求，有序引导到西部，全面启动"东数西算"工程。进一步提升了国家整体算力水平，扩大算力设施规模，提高算力使用效率，从而实现全国算力集中规模化发展。我国不断引入先进的硬件设备和新一代数据中心架构和设计，在人工智能、大数据、物联网等新兴技术的高投入使得我国算力应用水平不断提高。但在芯片等算力的核心技术上，我们还有较大的提升空间。芯片是算力的基础，芯片的性能直接影响着计算设备的算力，一款先进的芯片往往拥有着更高的集成度和更强的计算能力，能够更快速和高效地处理大量数据和复杂的计算任务，从而提高计算设备的算力，所以算力的提升也在助推芯片的发展。我国芯片产业在过去的几年取得了进步，已经具备了自主研发一系列芯片产品的能力，包括处理器、存储器、传感器等。现在我国也拥有一批大型的芯片制造厂，这些企业拥有先进的生产设备和技术。同时，我国也在加大对芯片制造工艺和质量控制的投入，提高了外延硅片、封装测试等关键环节的国产化水平。但我国芯片产业在一些芯片设计工具、材料和设备方面存在短板，这才是我国依赖国际市场的关键。如果我国能够提供更高性能、更低功耗的芯片产品，这将使我国企业不仅在国内市场上占据主导地位，也能在全球市场上与国际品牌展开竞争，从而进一步提升我国的国际地位和影响力。

多措并举加快推进算力高速发展。首先，注重加强顶层设计，全面深化落实《数字中国建设整体布局规划》要求，夯实数字基础设施和数据资源体系"两大基础"，推进数字技术与经济、农业等行业深度融合，增强数字技术创新体系建设和数字安全屏障建立，优化数字化发展环境，将数字化融合到产业发展的方方面面，深化国内市场改革，以数字经济推动经济快速发展。其次，进一步提升算力质量，加大对国家算力枢纽节点及国家数据中心集群的支持，继续深化落实"东数西算"工程，使我国算力发展汲取各省优势，推动全国算力水平整体向上提升。再次，积极提高算力竞争力，加强政府、行业组织、企业以及科研机构之间的密切合作，各级政府继续推出相关政策与资金支持，着力培养人才和加强研发，从材料研发到芯片生产，再到应用落地突破层层障碍，为国家的经济发展和社会进步提供坚实支撑。最后，推动绿色节能低碳算力发展。完善算力基础设施绿色低碳监管体系，严格落实相关政策文件要求，继续重视数据中心的绿色低碳发展，在促进数字经济产业不断快速发展的同时，用先进技术配合地域优势推进算力向低碳、智能、安全、有序的方向发展。

《学习时报》2023年9月1日第3版

壹

算力：数字经济时代的新型生产力

算力经济发展的重要功能与战略思考

章玉贵

在全球经济与产业竞争日趋集中到争夺数字经济与前沿产业发展主导权的背景下，算力作为数字经济时代新的生产力表现形式，正深刻影响着新一轮科技革命和产业变革的走向，进而重塑全球经济结构，推动各国经济与技术发展。中国亟须在把准全球算力技术与产业变迁脉搏的基础上，积极营造促进算力经济发展的创新生态，充分发挥资本市场的价值发现功能，以精准的融资服务最大限度激活算力产业市场主体的创新禀赋，深耕自主研发，赋能实体经济，尽快突破算力经济发展的关键技术瓶颈，锻造中国在算力产业领域的竞争优势。

进入21世纪以来，全球经济增长的核心动力日渐依赖于技术的内生性进步和人力资本的提升，以"数字革命"为代表的新一轮技术与产业变革正在

章玉贵系上海外国语大学国际金融贸易学院院长、教授。

推动各国经济和社会发展加速向数字化转型。以数字基础设施建设为主要内容的新型基础设施建设正成为21世纪各国经济竞争的新型平台。基于数字技术的产业化应用以及传统产业数字化改造而形成的数字经济随之超越传统的信息通讯范畴，对人类的生产、生活、交易乃至国家与全球治理带来了革命性变化，逐渐成为世界各主要经济体构筑国家竞争新优势的关键核心领域。

算力是数字经济发展的核心驱动力与必不可少的要素支撑。算力的出现与算力经济的蓬勃发展，是人类对计算机、大数据、云计算、人工智能、区块链等技术不断探索并将其产业化应用的结果，也是邓小平同志1988年提出"科学技术是第一生产力"的重要论断在21世纪得到全球印证的现实体现。算力作为数字经济时代新的生产力表现形式，越来越成为衡量一国或地区对前沿技术感知与产业化应用的重要基准。随着以算力为代表的数字技术升级迭代并与实体经济深度融合及不断赋能，各国经济正加速向数字化转型切换，并引导全球存量与增量资本加大对算力基础设施建设的投入，算力日益成为推动经济高质量发展的关键变量。

中国近年来高度重视对数字技术及其产业化的投入，并将发展数字经济上升为国家战略。习近平总书记在党的二十大报告中指出，加快发展数字经济，促进数字经济和实体经济深度融合，打造具有国际竞争力的数字产业集群。这一重要论述深刻揭示了数字经济发展的内在规律，科学回答了在中国式现代化进程中如何实现数字经济和实体经济同频共振、深度融合这一重大时代课题，为深入推动发展数字经济的理论创新和实践创新提供了根本遵循。而算力作为数字经济的引擎，必将深刻影响新一轮科技革命和产业变革的走向，进而重塑全球经济结构，推动各国经济与产业转型。

一、算力驱动中国经济在新时代发生深刻的结构性变化

改革开放以来，中国保持着长达40余年的持续稳定增长，经济总量连

续迈上新台阶，成为全球仅有的两个GDP超过10万亿美元的经济体之一。中国经济结构也随着创新驱动与转型发展的持续深入发生了深刻变化：党的十八大以来，随着数字经济的蓬勃发展，中国在巩固了全球第一制造业大国地位的同时，经济结构转型升级不断加快，服务业增加值占GDP的比重在2015年首次超过50%，表明中国正以服务业结构高级化为基础，以技术进步与产业转型为动力推动经济迈向高质量发展阶段。

中国经济在新时代发生结构性变化的机理。作为中国经济在新时代发生深刻结构性变化的直接反映，数字经济在过去十年保持快速增长态势，产业规模从2012年的11万亿元增长到2021年的45.5万亿元，同比名义增长16.2%，高于同期GDP名义增速3.4个百分点，数字经济占GDP比重由2012年的21.6%上升至2021年的39.8%，中国已成为仅次于美国的全球第二大数字经济体。从发展水平与经济规模看，无论是产业数字化还是数字产业化，中国都居于世界前列。与此同时，作为数字经济"底座"的算力经济，近五年的规模增速年均超过30%，2021年的核心产业规模为1.5万亿元，其中云计算产业规模超过3000亿元，互联网数据中心（IDC）市场规模超过1500亿元，人工智能领域的核心产业规模超过4000亿元。算力产业在基础设施建设、产业生态与标准化建设、技术研发与应用以及安全保障体系等方面不断取得新突破，我国已成为全球网络基础设施领域规模最大、技术领先的国家，在全球数字经济领域发挥着举足轻重的作用。

从技术层面来看，算力之所以能够驱动数字经济发展助推中国经济结构发生深刻变化，是因为作为数字经济产生与发展的基础，大数据已成为客观存在的事实，只是其本身的价值远不如今天这样受到重视。同时，由于技术条件的限制加上应用场景匮乏，使得过去很长时间里各国在经济社会和技术等领域积累的大数据往往只是作为静态的资料存在，无法像今天这样被视作核心资产与关键信息在生产和生活中发挥着不可替代的作用。政府在推动国家治理体系与治理能力现代化过程中对应用服务的需求，市场发展的需求，基于计算机、5G、大数据、云计算、物联网、人工智能、区块链等技术的快速发展使得场景应用成为现实，成为推动大数据应用的关键推手。当然，智能算法作为大数据分析的数字工具得以广泛应用以及算力平台的不断搭建与体系化建设的推进，才是数字经济成为国民经济重要支柱的最坚实的基础。

算力驱动中国经济结构发生深刻变化的表现。算力驱动中国经济结构发生变化主要体现在发展动力、产业形态等方面。就发展动力而言，算力是产业数字化和数字产业化的内生性动力，海量数据的处理和数字化应用从需求侧对算力发展不断提出新要求，而算力的进步与算法复杂度的提高又从供给侧为数字经济发展提供了源源不断的新动力。事实上，正是基础算力、智能算力和超算算力等方面的飞速发展，使得中国在移动支付、社交媒体、在线零售、移动通信等领域取得了技术优势。已有的相关研究显示，算力水平的提高与经济增长之间呈正相关关系，由算力、存力、运力和发展环境等构成的算力指数越高，数字经济的增加值乃至国内生产总值的提升度也就越高。就产业形态而言，随着国家和地方政府以及相关头部企业加快建设超大规模数据中心，结合数字化转型尤其是5G、人工智能和产业互联网的协同创新，在实现消费互联网和产业互联网双向对接的同时，具有引领性的消费与产业应用场景陆续形成，由此孕育了一批具有独特商业模式与竞争活力的数字企业。与此同时，以云计算、边缘计算、智能计算、异构计算等为代表的算力工具在制造业领域广泛应用，结合场景呈现、动态感知和交互体验，在对制造业进行重构和赋能的同时，也在促进智能产业生态体系的形成与发展。

二、算力经济具有提升中国经济核心竞争力的重要功能

在全球经济与产业竞争日趋集中到对数字经济与前沿产业发展主导权争夺的背景下，人工智能、5G、量子信息科学、生物技术等关乎一国能否在21世纪取得核心竞争优势的关键技术领域，越来越成为主要经济体和相

关企业重点关注并加大研发投入的对象。中国经济增长的核心驱动力正从过去主要依靠资本和劳动力等要素驱动向技术的内生性进步与人力资本提升的创新驱动转变。尤其是在党的十九届四中全会明确将数据与劳动、资本、土地、知识、技术、管理等列为生产要素之后，数据迅速成为关键要素与核心资产，以算力为"底座"支撑的数字经济在国家整体经济布局中的地位已上升到战略高度。国务院印发了《"十四五"数字经济发展规划》，并明确了数字经济发展的2035年远景目标。中国还提出了《全球数据安全倡议》《携手构建网络空间命运共同体行动倡议》，并申请加入《数字经济伙伴关系协定》（DEPA），陆续出台了促进数字经济健康发展的相关法律法规，以推动实现数字经济的高质量发展，构建富有国际竞争力的数字经济现代市场体系，进而引领中国经济在转型升级过程中提升核心竞争力。

算力已成为数字经济时代的关键生产力。作为数字经济时代信息与通信技术产业发展的关键驱动要素，算力与工业经济时代的热力与电力一道，成为21世纪人类生产、生活、治理与发展必不可少的三大生产力，也是产业数字化和数字产业化进程中具有指标意义的核心驱动力。以数字产业化来说，超大规模数据中心不仅是互联网科技企业及与数据有关的数字企业赖以生存与发展的关键要素，更是延伸与拓展互联网科技企业服务边界的核心支撑；而就产业数字化来说，传统制造业、商业和金融服务业一旦引入由算力带来的数字化智能技术，不仅将带来生产效率与商业模式的创新以及用户体验的优化提升，还会促使价值链的上下游进行重构，节约交易成本，进而提升企业竞争优势。

在数字经济时代，算力能级与规模不仅与国家经济发展水平高度相关，更成为各国加快战略布局、提升国家竞争优势的重要立足点，美国、中国、欧盟和日本等高度重视对超算与量子计算的投入，将算力视作数字经济时代提升国家核心竞争力的关键生产力，全球算力竞争日趋白热化。以算力规模而言，美国、中国位居全球前两位，美国的基础算力领先全球，中国则在智能算力领域保持全球领先地位。2022年2月，中国全面启动"东数西算"工程（以下简称"东数西算"），基于西部地区在环境、气候、能源等方面的资源禀赋，结合东部地区的算力需求与市场化应用，东西联动，优势互补，打造一体化发展的算力网络体系，最终目标是在全国范围内实现算力资源的优化配置，服务于中国经济的高质量发展。

算力经济将引领中国形成新时代的竞争优势。算力对数字经济发展乃至整个国民经济体系的作用机制，不仅体现在其作为新生产力所发挥的动力支持作用，更体现在算力本身具有的广泛应用场景以及由"算力+"赋能行业而生的算力经济发展前景。从中长期的视角观察，由于中国拥有全球最大的信息基础设施、发达的信息与通信技术产业、领先的应用场景、庞大的消费市场以及在部分前沿技术与产业领域业已形成的竞争优势，结合中国持续增加对"卡脖子"领域的投入与联合攻关的优良传统，加上不断完善的创新与创业生态，以及不断扩大的市场直觉高度灵敏的企业家队伍，在资本市场和资本力量的助推下，中国有可能通过持续提升算力水平，做强做优做大数字经济，进而引领一批具有独特技术优势的创新型企业紧密对接市场主体的个性化消费需求，催生新产业、新业态、新商业模式，适时孵化出一批"独角兽"企业，并通过资本市场的价值发现功能锻造中国经济在21世纪上半叶的核心竞争优势。

三、算力经济发展面临的机遇与约束条件

中国经济在改革开放以来的40余年里，通过结构性改革与整体战略设计，持续推进增长方式与发展模式的转型。由过去主要依靠政府主导下的投资以及发展劳动密集型产业等要素投入驱动经济增长向以全要素生产率提升来引领经济内生性增长的转型，基本告别了不可持续的高投入、高能耗、高污染、低产出、低质量、低效益的粗放式发展模式。

中国经济转型需要算力经济发挥战略引领作用。在创新、协调、绿色、开放、共享的新发展理念的指引下，结合中国在落实"双碳"目标过程中的绿色与可持续发展转型，预示着在"十四五"时期乃至2060年之前中国都将持续推进经济转型升级与系统性变革，建立并完善适应全球产业与技术变迁和绿色可持续发展的现代化经济体系。在此进程中，以数字科技和算力驱动的新一轮科技革命将全面推动中国生产方式、生活方式与治理方式向数字化转型，推动中国经济深层次变革，由此释放出巨大的增长潜能。中国深耕数字产业底层技术和交叉技术的研发投入，着力构建以大数据中心为代表的算力产业体系，从而在本轮科技革命与产业变革中基本做到了与以美国为代表的发达国家"并跑"，甚至在局部领域"领跑"。而从全球产业发展趋势来看，数字产业不仅自身是主导性产业，而且在不断革新的算力技术驱动下形成对其他产业的有效赋能，从而在推动中国经济高质量发展中持续发挥战略引领与价值链提升作用。例如，中国蓬勃发展的智能汽车产业，能否从目前的千亿元市场规模提升到万亿元级，在很大程度上取决于算力能否做到适度超前发展。

算力经济将发挥赋能应用及提供新的增长极。中国经济的数字化转型内在包含着数字技术赋能实体经济，并在推动服务业结构高级化过程中不断孕育新的技术与产业，进而突出传统的产业划分边界，形成实体经济数字化、数字经济实体化的经济格局。一方面，随着市场需求与日新月异的计算技术与算力水平相结合，不仅推动着算力产业链的上游产业、中游产业和下游产业迎来全新发展机遇，更通过算力赋能传统与现代制造、交通运输、金融服务、购物消费、医疗健康、传媒娱乐、社交网络、文化教育等产业，以底层技术升级改造来激活传统产业竞争力，加快新兴产业提质增效。另一方面，国家治理体系与治理能力的现代化以及经济社会的数字化转型，从需求侧为高性能计算及配套产业的高质量发展提供了前所未有的市场机遇与应用空间，尤其是随着算力体系向高速泛在化、云网融合、智能敏捷等趋势发展，部分消费领域将产生颠覆性变革，新的商业模式、新消费业态与新的增长极形成。

"东数西算"将深刻影响中国数字经济发展。 从算力经济发展所需的体系支撑来说，"东数西算"工程作为国家构筑数字经济时代竞争优势的战略安排，无论是从发展布局、现实需求还是产业协同乃至促进共同富裕的角度而言，都是一项富有深远意义的战略工程。因为中国具有发展数字经济所需的几乎所有要素支撑，且西部地区的贵州、宁夏等省份提前深耕大数据中心建设，为欠发达地区通过发展数字经济实现弯道超车进行了先行先试的经验探索，结合东部地区日益增长的算力需求，使得"东数西算"成为"十四五"时期推动中国数字经济迈向快速健康发展轨道的保障支撑。可以预见，随着以西部地区为主要布点的国家算力枢纽节点和数据中心集群全面建成，"东数西算"将与"西电东送""西气东输"等重大工程一道，成为中国经济的高质量发展与稳健增长的基石。尽管中国算力规模居世界各国前列，算力基础设施建设与创新能力不断增强，算力应用与产业化水平不断提高，然而从算力经济高质量发展的要求来看仍在诸多领域存在短板，涉及关键技术的自主可控、算力发展环境与产业生态建设以及算力产业的国际竞争力培育等方面，需要在发展算力经济的过程中逐步克服与完善。

算力经济高质量发展面临的关键技术瓶颈。 中国算力经济近年来的快速发展主要得益于数字化转型过程中日益增长的消费需求，基于自主创新的内生性增长较弱，反映算力平台发展水平的超算，尽管数量位居全球第一，但在平台建设所必需的芯片、算法软件尤其是操作系统领域，仍主要受制于美国。例如，美国《2022年芯片与科学法案》对中国芯片业进行围堵。美国对高性能计算机及其芯片、人工智能等领域技术出口管制的大面积收紧，将中国算力产业的风险敞口进一步暴露出来，同时也促使我国充分发挥新型举国体制优势，加快整合前沿科技力量，加大研发投入，早日突破算力经济高质量发展的关键技术瓶颈。

算力经济高质量发展面临的产业生态瓶颈。中国算力经济发展尽管起步并不晚且应用能力强，产业发展环境与金融支持也在不断优化，但除了存在重应用、轻研发的发展瓶颈之外，在算力经济高质量发展所需的软件开发与整机集群协调融合、营商环境优化与商业模式创新以及政府主导的算力投入与市场力量有机结合等方面，尚有诸多难题需要解决。从全球算力产业的发展趋势来看，政府的产业支持与对公共算力平台的投入固然重要，但市场的力量尤其是研发基础雄厚、市场与技术直觉高度灵敏的民营高科技企业更能发挥优势，进而成为培育算力经济新业态，创新商业新模式并将其转化为平台生产力的关键主体。

算力经济高质量发展面临的全球竞争性挤压。随着算力成为各国战略竞争的焦点，加快算力布局，加大技术研发力度，提升产业应用水平尤其是确保算力产业链的自主可控与综合竞争优势，已成为美国、欧盟、日本、英国等发达经济体的国家战略。例如，在竞争激烈的全球云计算LaaS市场中，美国主导着生态演进，中国算力企业亟待提高国际竞争力。同时，尽管中国相关企业近年来数据中心的硬件制造能力不断提高，但"卡脖子"问题依然严重。美国正谋划主导与日本、韩国和中国台湾地区建立所谓的"芯片四方联盟"（Chip4），试图对我国获取先进芯片制造技术、设备和人才进行战略围堵，其最终目的是企图将中国排除在全球芯片业供应链之外。当然，由于中国掌握着芯片业的关键零组件与原材料供应，且日韩等国对该联盟持审慎态度，这一企图实现的可能性并不大，但我国必须高度重视算力高质量发展所面临的国际打压，未雨绸缪，以早日实现该行业产业链的自主可控。

四、中国算力经济高质量发展的战略思考与对策建议

习近平总书记在中央政治局第34次集体学习时强调，要不断做强做优做大我国数字经济，并在此前召开的中国科学院第二十次院士大会、中国

工程院第十五次院士大会和中国科协第十次全国代表大会上就加快建设科技强国，实现高水平科技自立自强作出了一系列具有战略引领作用的重要指示。习近平总书记关于数字经济发展的重要论述，为我国算力经济的高质量发展指明了方向。

深刻把握全球算力经济发展的战略竞争态势。目前，全球算力产业发展仍遵循计算机行业发展的一般规律，如摩尔定律仍在计算芯片领域发挥作用，但算力理论创新与实践正酝酿颠覆性变革，量子计算、光子计算、类脑计算的探索与发展将在一定程度上引领算力产业的新革命。中国在上述领域较为深厚的技术积累与研发进展将有助于推动算力产业在"十四五"时期实现跨越式发展。因此，中国亟须在把准全球算力技术与产业变迁脉搏的基础上，积极营造促进算力经济高质量发展的创新生态，充分发挥资本市场的价值发现功能，以精准的融资服务最大限度激活算力产业市场主体的创新禀赋，深耕自主研发，赋能实体经济，尽快突破算力经济高质量发展的关键技术瓶颈，锻造中国在算力产业领域的竞争优势。

完善中国算力经济高质量发展的要素支撑体系。正如中国经济高质量发展要有高水平的制度供给与要素市场化配置、高水平的创新驱动与绿色可持续发展、高水平的开放与区域均衡协调等基础性的支撑要素一样，处于成长中的算力经济，要在"十四五"时期和中长期发展目标周期中实现高质量发展，同样离不开国家关于数字经济整体发展规划与布局下的机制设计与创新，包括配套的法律法规建设以保护算力产业健康发展；同样离不开算力要素市场的充分发育与不断完善，更需要高水平的研发投入与成本节约以保持绿色可持续发展。

尽快掌握算力经济高质量发展所需关键技术。从全球算力技术与产业发展趋势来看，无论是发达经济体还是有相关发展基础的新兴经济体与发展中国家，都在极力抢夺在基于大数据、算力、算法等技术推动的新一轮产业发展中的先导性机会，对关键核心技术的掌握是谋求产业竞争主导权的前提。目前，中国算力产业的底层技术与关键制造仍在一定程度上存在对外部供给的依赖，一旦出现极限施压或突然断供，将严重影响产业的正常运行与发展，产业体系的脆弱性及相关风险在日益不确定的世界里越发明显。因此，必须以时不我待的紧迫感，充分发挥新型举国体制的优势，重点攻克制约算力经济高质量发展的关键核心技术与基础前沿技术，同时也要尊重科技与产业发展规律，以领军人才引领算力经济的高质量发展，形成有实力参与主体对发展算力底层技术与关键制造能力广泛的行为自觉与持续探索，牢牢掌握算力发展的主导权。

营造算力经济高质量发展所需产业竞争生态。在数字化转型成为21世纪人类社会生活与经济发展重要特征的背景下，支撑包括算力经济在内的数字经济发展所需的创新生态系统及相应的产业竞争生态也需不断优化。这就需要政府在重点推进大科技、大平台建设的同时，顺应算力驱动产业创新与技术变革的发展趋势，引领算力经济沿着尊重人类理性、服务于人类创造美好生活的路径发展，并在数据开发利用、数据资产定价、隐私保护与公共安全等方面加强立法保护与合规建设；正确处理政府与掌握海量数据的民营企业在数据确权和使用之间的关系，基于做强做优做大数字经济的目标引领建立健全开源运营机制，重点加大对提升经济发展能级有显著促进作用的金融服务、交通运输、医疗健康等领域的支持，共同提升平台企业的核心竞争力，营造算力经济高质量发展的产业竞争生态。

高水平对外开放与国际合作、自主可控相结合。高水平对外开放与国际合作始终是算力经济高质量发展的底层逻辑，只有在高水平的国际合作条件下，中国才能在积极参与全球数字经济发展规则与标准制定过程中增强话语权。算力经济由于其本身具有的技术前瞻性与战略引领性，已经并将继续成为全球主要经济体战略竞争的关键领域之一，美欧日对新兴经济体的技术进步与产业发展一直保持高度警惕。特别是美国，近年来为打压中国算力产业发展势头出台了一系列围堵乃至制裁措施，热衷于搞"小圈子"，构筑"小院高墙"，严重背离科技与全球产业发展规律，严重破坏了各国政府与企业间的科技交流与合作关系，对我国开展算力领域的国际合作构成了严峻挑战。中国既要高度重视并采取有力措施破解制约算力产业国际合作的诸多约束条件，更要以积极参加数字经济国际组织、稳步推进"数字丝绸之路"建设为契机，坚定不移推进高水平对外开放，加强政府、企业和民间的国际合作，共同促进算力经济的发展。

《人民论坛·学术前沿》2023年第5期

壹

算力：数字经济时代的新型生产力

论算力时代的三定律

李正茂　王桂荣

建设泛在多样、绿色安全、智能敏捷的算力设施是企业、区域乃至国家的必然选择。以算力为核心的数字信息基础设施直接影响着数字经济的发展速度和社会智能的发展高度。在政策和需求的双重驱动下，将"算力三定律"作为底层运行法则的算力时代正在加速到来，算力与电力、热力一样会成为新型生产力，推动数字经济高质量发展，推动社会、生活、科研发生前所未有的巨变。

引　言

近年来，网络游戏、自媒体、短视频等应用的崛起，加快了数据流量的增长，而5G时代的到来，使得互联网从过去人与人的连接进化为

李正茂系中国电信集团有限公司董事、总经理；王桂荣系中国电信集团有限公司科技创新部总经理、高级工程师。

万物互联，不仅连接的数量多，单节点产生的数据也多，全社会的数据规模迎来新一轮爆发性增长，算力的需求和价值将极大提升。据统计，1992年全人类每天只产生100 GB数据，时至今日全球70亿人，平均每人每天产生的数据高达1.5 GB，仅一辆自动驾驶汽车，一天能产生64 TB数据。

在数据总量攀升和算力需求愈加迫切的背景下，算力逐渐演变成各国进行科技角逐的战略焦点。2020年美国发布《引领未来先进计算生态系统战略计划》，希望构建一个面向未来的先进计算生态系统；2021年3月欧盟提出《2030年数字指南针》，计划通过部署1万个边缘计算节点，为企业提供云计算、大数据和人工智能服务；2019年日本启动新一代国产超级计算机计划，投入大量资源提升超级计算机的整体实力。

在顶层设计的牵引下，众多科技巨头纷纷加大对算力领域研发建设的投入。亚马逊、谷歌、微软等跨国企业着力投资超大规模数据中心，其中亚马逊除了在全球范围加速建设超大数据中心外，还推出多款面向数据中心的自研芯片，包括服务器处理器、交换机、人工智能芯片等。阿里云于2015年开始着手自建超级数据中心，未来还将陆续规划10座以上超大规模数据中心。与此同时，电信企业在算力领域以云网融合为发力点，密集布局云计算和边缘计算。

学术界和产业界形成一股算力研究的热潮。例如，基于计算能力、计算效率、应用水平和基础设施支持4个维度，国际数据公司（International Data Corporation，IDC）提出了计算力评估模型，并提出"新兴技术应用是推动算力发展的加速器"等十大趋势洞察；中国信息通信研究院（以下简称"信通院"）通过研究我国算力发展现状，结合算力发展特点和重点影响因素，建立了算力发展指数；很多知名院士、顶尖学者对算力的概念和发展关键点提出了一系列非常有见地的思考。在标准化层面，国际电信联盟（International Telecommunications Union，ITU）通过Y.2501算力网络框架与架构标准的发布，鼓励算力网络化技术的标准发展。在我国，中国通信标准化协会（China Communications Standards Association，CCSA）同步启动了算力网络系列的标准编制工作。除此之外，算力绿色化、算力可信化、算力智能化的相关研究在同步开展，并取得了一定的理论和实践成果。本文在分析算力发展特点的基础上提出了算力三大定律，即时代定律、增长定律、经济定律，揭示了算力的运行规则，对算力产业未来发展趋势进行了预测，并阐述了算力和经济的内在联系。

一、算力的特点

在政府、产业、学术三方形成合作之势推进算力布局建设的过程中，数字化转型的需求被逐步挖掘和释放。算力无论在应用的广度还是深度方面都大大提高，未来，算力的发展将呈现以下三个显著的特点。

算力多样性态势日益凸显。当前，高性能计算机在海洋学、核能研究、气象预测、药物研发等领域都有着巨大应用潜力，逐渐成为算力设施的重要组成部分。同时，元数据、感知数据、训练数据等多样化数据类型成为智能社会的重要组成部分。算力从传统的CPU，迈入以图像处理单元（graphics processing unit，GPU）、神经网络处理单元（neural network processing unit，NPU）、深度学习处理单元（deep learning processing unit，DPU）、张量处理单元（tensor processing unit，TPU）等为主导的智能异构算力时代，形成包含通用算力、智能算力、超算算力及前沿算力（如量子计算、光子计算）的多元化算力系统。

算力布局呈现泛在化趋势，算力资源正在从集中的部署方式向多级化的方向发展，尤其以边缘计算、端计算为代表的算力形态的出现，与规模化算力形成互补之势，构建出新型的算力基础设施。同时，为顺应降本增效的生产需求，全社会算力资源集约化发展正在成为主流，算力网络技术可以将不同归属、不同地域、不同架构的算力整合，打破"数据孤岛"，形成有机运转的算力生态体系。

"智能敏捷、绿色安全"将作为算力发展新要求，即算力智能化、算力绿色化、算力可信化成为未来发展方向。当今数字世界和物理世界的边界正变得越来越模糊，智能化不仅是对无人驾驶、工业互联网等上层应用的要求，同时也是对底层软/硬件基础设施的要求，智能敏捷将是智能社会算力设施的必备属性；当下，数字经济和绿色安全相伴相生，人们在实践绿色低碳目标时，也要兼顾诸如数据安全、网络安全、信息安全等。

可以预见，在算力多样化、网络化、智能化、绿色化、安全化等发展趋势下，算力基础设施将进一步演变成为高速泛在、天地一体、云网融合、智能敏捷、绿色低碳、安全可控的智能化综合性数字信息基础设施。

二、算力三定律

算力作为数字时代核心资源的作用越来越突出，以算力为核心的数字信息基础设施直接影响着数字经济的发展速度和社会智能的发展高度。加快算力建设成为当前我国实现自立自强的内在要求。在当前的背景下，算力正在并且将长期遵循以下三个趋势，称为"算力三定律"。

（一）算力第一定律（时代定律）：算力就是生产力

马克思在《资本论》第一卷中说过："各种经济时代的区别，不在于生产什么，而在于怎样生产，用什么劳动资料生产。"从古至今，人类生产力的发展经过了四个阶段，即人力时代、畜力时代、动力时代和算力时代。在人力时代，人们主要依靠自身体力劳动和石器等辅助性的工具从事生产活动，生产力的提升主要依靠扩大劳动人口规模和劳动工具的改良升级。此阶段演变过程极为漫长，生产力整体处于相对稳定的状态，社会发展前进的速度相对缓慢。进入畜力时代，人们开始通过驯化动物获取更丰富的生产力。畜力时代的生产资料如土地、原料等，与人力时代相比没有发生本质变革，所以劳动工具的变化并没有在生产力方面引发质的跃迁。

壹 算力：数字经济时代的新型生产力

在动力时代，人类通过科技革命将蒸汽和电力等各类能源转化为动力驱动机器，以机器代替人力实现了规模化生产，生产力得到重大突破。在算力时代，即20世纪下半叶开始的信息社会，生产力主要体现为对数据等新生产资料的高效处理能力。电子计算机的出现为全球自动化、信息化和网络化发展提供了基础条件，加速了人类对新生产资料的挖掘能力，拓展了人类认识和探索未知领域的能力。

算力时代的生产资料从以石油、钢铁为核心逐渐转变为以数据为核心，并演变到分子、原子等微观领域。当下，算力不再是电子计算机时代信息技术领域的专有服务，而是渗透到各行各业生产全过程，算力参与度和所占比重越来越高。算力不仅可以助力企业降低运营成本，而且能提供智能决策支持。算力真正实现了对人力和脑力的替代，成为人类能力的延伸和推动社会进步的变革性力量。可以用全民算力拥有量和人均算力观察国家的繁荣程度、先进程度。正如美国学者尼古拉·尼葛洛庞帝在《数字化生存》一书中所言："计算，不再只是与计算机有关，它还决定了我们的生存。"总之，算力就是生产力，被称为算力第一定律，"算力时代"真正到来。

（二）算力第二定律（增长定律）：算力每12个月增长一倍

随着5G的商用规模部署与人工智能、物联网、大数据、VR/AR等关键信息技术的发展，未来社会将逐步走向智能化，持续带动全球数据总量攀升与联网设备数量的爆发式增长。据IDC预测，全球数据量在2024年将达到142.6 ZB，到2025年全球联网设备总量将达到559亿。在数据量井喷的趋势下，世界各国产业端正以云和AI为战略重点，持续加大对算力领域包括超大规模数据中心、边缘计算节点等的建设布局。结合算力需求增长趋势与算力基础设施建设情况，国内外各家机构对未来算力布局规模做出了预测研判。

据信通院估计，未来5年全球算力规模增速将超过50%，到2025年各类算力整体规模将达到3300 EFlops（每秒百亿亿次浮点计算），其中智能算力增速将远超总算力，在算力增长中发挥核心拉动作用。华为公司预测到2030年，全球通用算力将增长10倍，达到3.3 ZFlops，人工智能算力将超过100 ZFlops，较2020年增长500倍。罗兰贝格认为2018—2035年为算力发展的早期阶段，主要国家或地区的人均算力由2018年的不到500 GFlops增长到2035年10000 GFlops，涨幅近20倍；2035—2045年为发展阶段，主要国家人均算力增长至29000 GFlops；2045年后进入成熟阶段，量子计算成为算力增长的主要引擎，量子计算的大规模商用将会进一步加速算力发展。赛迪研究院对国内算力发展情况进行了分析，预测到2025年，我国通用算力将达到300 EFlops，AI算力将超过1800 EFlops。

算力的增长，包括数据中心建设规模的增加、处理器性能的提升，还有网络传输方面的技术进步，以及软/硬件方面协同能力的提升。笔者基于未来数字产业化转型、算力云–边–端协同发展、AI技术大规模应用等发展趋势，结合全球各国算力发展水平、全球算力规模分布情况以及相关机构对算力发展的预测，提出了算力第二定律，即算力增长定律：算力每12个月增长一倍。

（三）算力第三定律（经济定律）：算力每投入1元，带动3—4元GDP经济增长

算力的渗透为各行各业带来了显著的成效和经济价值，日益成为推动数字经济、国民经济高质量发展的关键动力。有研究表明，算力指数平均每提高1个点，数字经济和GDP将分别增长3.3‰和1.8‰；算力指数越高，算力的提升对经济增长推动的倍增效应就越突出。另外，全球各国算力规模与经济发展水平呈现显著的正相关关系，算力规模越大，经济发展水平越高。

研究表明，算力对产业能级的带动作用日益增强。例如某智能制造企

业在生产系统中自建20台服务器，为100台智能机器人提供模型训练服务，通过5G专网和云边算力协同改造，不仅提高了生产效率，还为企业节约了大量资产购置和设备运营的费用。不仅如此，算力也在其他领域助力生产效率的提升。例如，在生物医药领域，算力提升使得基因测序时长从13年缩短到1天，新药研发鉴定周期从5000天缩短到100天；在天气预报领域，算力的发展把天气预报准确率从过去的21.8%提高到现在的90%以上；在工业生产领域，把整个生产流程在数字世界中重建，通过仿真模拟进行优化使得生产效率提高30%。算力已成为当下提升数字经济活力和推动企业转型的关键指标。

三、算力产业化

当前，产学研各界都在积极推动算力的布局。国内外相关标准组织和产业联盟都在推进算网融合技术研究和标准化进程，并取得了丰厚的成果；云服务商结合已有计算资源优势，基于分布式云策略，将云计算服务逐步向网络边缘侧进行分布式部署；国内三大电信运营商和设备厂商也在积极推进算力网络的应用落地，建设算力生态圈，其中中国电信以算力网络作为重要技术方向，加快推动云网融合的纵深发展。

作为建设网络强国和数字中国、维护网信安全的国家队主力军，中国电信早在2016年提出云网融合的发展方向，推动企业从连接提供商向云服务商转型。2019年，中国电信率先提出"算力网络"概念，发布了第一个国际电信联盟的算力网络架构标准，并积极付诸实践，基于无处不在的网络连接，将多级算力资源进行整合，实现云、边、网高效协同，提高算力资源利用效率，实现用户体验的一致性、服务的灵活性。当前，中国电信正积极推进国家云建设，按照国家一体化大数据中心枢纽节点的建设要求，进一步完善"2+4+31+X+O"的云和大数据中心布局，建设梯次分布、云边协同、多种技术融合、绿色集约的新型信息基础设施。在内蒙古、贵州两个全国性云基地打造融合资源池；在京津冀等4个大区建成大规模公有云；在31省（首府）省会（区市）和重点城市建设属地化专属云；在X节点打造差异化边缘云；布局"一带一路"沿线国家，将算力体系延展至海外。此外，通过快速推进新一代云网运营系统建设，横向拉通云、网、边、端，纵向贯通资源到客户，提供智能敏捷的综合信息服务。

在国家密集布局、产业链逐步成熟、ICT不断应用等因素的联合推动下，云和网从独立发展走向深度融合，为信息基础设施的技术架构、业务形态和运营模式带来了深刻变革，以"云网融合"为代表的"连接"+"算力"融合将成为未来信息网络技术发展的新领域和新锚点。

四、结束语

本文提出了算力三定律，即时代定律、增长定律、经济定律，算力三定律揭示了算力时代背景下算力的运行规则，对算力产业未来发展趋势进行了预测，并阐述了算力和经济的内在联系。在时代定律中，本文指出算力不仅可以提高企业生产的效率，而且还能提供智能决策支持，真正实现对人力和脑力的替代；在增长定律中，本文从人工智能、物联网、VR/AR等热门应用对算力的正向推动作用出发，结合主流机构对算力发展水平的预测，提出了算力每12个月增长的预测；在经济定律中，通过生物医药、天气预测、工业互联网的实践，量化探讨算力对企业的经济效益贡献。强大的算力是数字经济的核心，越来越多的数据处理任务对算力提出更高的要求，产业各方正在不同的赛道推进算力规模化布局，伴随研究和实践的深入，算力将像水电一样，成为一种随取随用的社会服务资源。

《电信科学》2022年第6期

壹

算力：数字经济时代的新型生产力

算力技术基建:
新基建的重要组成部分

智能计算技术发展趋势及产业化

邱宇隆

智能计算是以解决图灵问题为出发点、面向人工智能应用，以模式识别、自然语言处理和数据挖掘技术为手段的先进计算形态，牵引信息技术创新、推动万物智能互联、助力行业智能升级。近年来，全球主要国家纷纷通过政策及投融资展开相关领域布局，我国如何聚焦智能计算关键技术，在相关应用领域实现快速产业化，掌握新时期国际竞争战略的核心？

智能计算力图仿照人脑架构进行"认知"计算，使相关产业由解决巴贝奇问题向解决图灵问题跨越，近年来取得了快速发展。

智能计算技术竞争焦点

首先，计算模式走向云边协同。一是以深度学习为代表的强算力依赖

作者单位：上海新兴信息通信技术应用研究院。

性应用推动云侧计算范式进入性能计算时代。谷歌曾预测，如果所有用户每天使用3分钟语音搜索功能，传统CPU的数据中心算力必须提升1倍，谷歌为此研发针对人工智能计算效能更优的张量处理器（Tensor Processing Unit，TPU），云计算、大数据技术围绕智能计算持续升级。二是端侧场景化成爆发新方向。从大型机/小型机、个人计算、云计算到边缘计算兴起的云边协同，计算模式再次从集中式转向分布式。在"去中心化"的计算形态下，工业、交通、医疗、城市管理等边缘侧积累了众多"数字孪生"资源，未来面向工业电子、汽车电子和传统消费电子应用的场景化AI计算芯片快速发展，成为推动智能芯片产业发展的主要驱动力量。

其次，体系结构创新推动智能计算进一步发展。当前智能计算面临一些挑战。一是固有技术升级路径下的算力提升进程较为缓慢，限制了智能计算技术发展。二是特定尺寸趋近极限，对光刻技术带来挑战。三是功耗墙问题，阈值电压变低，漏电流不断增长，成为功耗问题的重要原因，晶体管运算效率有待提升。而突破路径依赖成为推进智能计算深化发展的关键，产学研积极探索体系结构创新，K80、P100、P40、V100等GPU、Arria10、Stratix10及深度学习处理器TPU，能耗每18个月提高1倍，定制硬件指令结构简单，数据操作流程固定，免去了冯·诺依曼结构中内存地址共享访问的"内存墙"问题，计算资源叠加，面向矩阵运算等深度学习算法，构建大量处理单元并行处理相同类型的数据。

另外，多层次去中心化是智能计算的基本形态。一是计算架构向异构方向发展。与传统CPU单一计算架构不同，智能计算充分利用各种芯片架构优势，CPU（Central Processing Unit，中央处理器）+加速器可实现高并行和高吞吐计算；CPU+GPU（Graphics Processing Unit，图形处理器）专为深度学习设计提供运算性能，用于AI训练和推理；CPU+FPGA（Field Programmable Gate Array，现场可编程门阵列）助力AWS与微软加速AI应用场景；CPU+ASIC（Application Specific Integrated Circuit，专用集成电路）源自谷歌TPU的运算迭代提升。二是算力部署围绕数据再分布。异构硬件之间的通信需求驱动以数据通路为中心的DC（Data Center，数据中心）设计理念，智能网卡承担了CPU虚拟网络、操作系统、数据结构卸载，已在微软Auzre、亚马逊AWS的云网络部署。三是计算模式走向云边协同。其中云计算面向大规模整体数据分析、深度学习训练、大数据存储、大吞吐读取；边缘计算面向数据传输带宽和任务响应延迟、数据安全以及自动驾驶、工业互联网等关键性业务具有低延迟、高可靠需求，实现数据实时处理和零误差响应。

此外，高性能智能计算支持差异化场景应用。如英伟达针对GPU建立多机多卡性、超强高性能计算的集合通信库（NCCL），受到美国能源部E级超算项目资助，成为分布式GPU计算机基础通信技术，面向差异化场景打造全栈式计算平台，实现底层芯片、编程模型、高性能库、编程框架、加速工具、服务平台等高效整合，成为企业培育产业生态、抢占细分市场的重要手段。英伟达围绕机器人和自动驾驶场景，打造出Jarvis对话系统、ISAAC机器人软硬件一体计算机平台。宝马公司使用英伟达ISAAC、Jeton AGX Xavier芯片平台以及EGX边缘计算机，开发导航、操控等机器人，依托深度神经网络实现感知环境、检测物体等改进物流程序。寒武纪面向计算机视觉、语音、自动驾驶进行专用算法加速和嵌入，提供多种规模处理器，满足不同场景、不同量级的AI处理需求。

智能计算产业发展方向

硅基集成电路技术和冯·诺依曼架构是现代计算机产业发展的基石，但面向深度学习为代表的人工智能应用，智能计算底层硬件技术围绕传统冯氏机处理、存储和交连三大基本组成单元，延续摩尔定律展开快速创新迭代。同时，针对硅基计算技术不能满足智能计算爆发式增长需求的现状，类脑和量子计算等非冯氏技术路线成为产业界和学术界探索的重要方向。

硬件平台技术及产业发展

智能芯片方面，云侧智能芯片市场竞争激烈，云服务商谷歌、微软、百度大量使用CPU和GPU同时基于负载需求开发内部智能芯片。一批初创公司积极推出新架构智能芯片，部分应用负载性能优于英伟达但软件堆栈有限。端侧智能芯片创新热点主要为汽车电子和嵌入式消费电子，英伟达、英特尔处于领先，恩智浦、瑞萨、东芝等汽车电子供应商以及黑芝麻、地平线机器人、特斯拉等纷纷开发自动驾驶芯片。智能手机神经网络加速芯片市场以高通等企业为主，众多初创企业集中在智能扬声器硬件领域。神经形态芯片算法理论和工程实现处于实验阶段，英特尔、IBM走在前列。有效支持卷积矩阵乘法是智能芯片架构设计核心，剪枝和量化成为优化智能芯片性能的重要方向。

先进存储方面，新型RDMA（Remote Direct Memory Access，远程直接数据存取）技术提升了内有扩展性能，RDMA和TCP/IP协议的介入，实现了超低延时的数据处理和超高吞吐量传输。共享数据结构的分布式通信范式包括Infiniband（无限带宽，一项用于高性能计算的计算机网络通信标准）等，使用专用网卡和交换机等实现无损网络；iWARP（一个允许在TCP上执行RDMA的网络协议）网卡实现完整传输协议，支持传统以太网；RoCE（RDMA over Converged Ethernet，一种允许通过以太网使用RDMA的网络协议）网卡实现简单协议，在有损网络下配合优先级流量控制使用。

互联架构方面，智能计算从子系统间、子系统内到芯片间的高速互联技术，在异构计算、高速网络、存储网络发展下，实现总线速率提高、降低访问延迟，物理链路增加对缓存一致性实物处理能力。新兴互联技术挑战传统总线地位，GPU间互连、CPU与内存互连、CPU与加速器互连的构架形成。

软件平台技术及产业发展

编程模型方面，异构计算系统由通用处理器和专用处理器组成，通用处理器（主机端）负责控制和调度工作，专业处理器（设备端）负责大规模并行计算和领域专用任务。异构并行编程模型，如英伟达CUDA（Compute Unified Device Architecture，显卡厂商推出的通用并行计算架构，使GPU能够解决复杂计算问题）具有完整的配套生态、很好的易用性和高效的更新迭代速度，OpenCL（Open Computing Language，开放运算语言）是第一个面向异构系统通用目的并行编程的开放式免费标准，支持所有硬件架构，受到机器学习应用和框架开发者欢迎。编程框架向更高易用性演进，PyTorch（Facebook AI团队发布的Python工具包，是Python优先的深度学习框架）在近两年AI使用量大幅增加，TF与Keras（谷歌开发的高层开源深度学习架构）形成排他性合作的形势下，通过高级编程接口封装提升竞争力。

推理引擎方面，面对硬件各异的功能集成和优化工作不可移植造成软件生态碎片化问题，寻求跨平台整合，不断提升应用范围、跨云连接性等支持能力。如ONNX Runtime（高性能、跨平台的推理引擎）推理工具内置优化算法，Supernova（基于深度学习的视频增强平台）扩大加速器件支持度、跨云连接性等适用范围，Adlik（中兴通讯推出的深度学习推理加速工具）内置模型优化、编译引擎模块，支持云端和嵌入式AI加速。

编译器方面，聚焦网络全局自动优化，一次性编译整体神经网络图。首先是图优化，对计算图进行分析并应用一系列与硬件无关的策略，在逻辑上降低运行开销；其次是检测融合子图，在给定数据流图中找出可被融合的图节点；再次是代码编译，直接生成与硬件相关的代码或中间表示层，面向特定硬件编译成执行代码；最后是图修改，将融合后的内核所对应的子图插入原数据流图。

聚焦我国智能计算产业化发展

当前，我国智能计算产业具有应用强、基础弱的特征。一是上层算法和应用与国际先进水平同步，硬件系统设备自主供应能力增强，但底层基础软硬件依然薄弱，智能芯片（GPU）、编程模型（CUDA）、编程框架（TF）等核心软硬件生态由国外企业主导；二是云端训练、推理ASIC芯片存在大规模市场化应用推广难题；三是制造工艺最先进节点为14纳米，存储制造处于初期量产阶段，尚未涉及HBM（重量传感器）等先进产品；四是终端侧推理加速工具、软件框架百花齐放，终端企业围绕互联网业务负载和底层硬件特点，有待进行针对性优化；五是开源训练、推理编程框架国产市场占有率低，TF、PyTorch等国际主流产品占据主导地位，编译工具仅有部分芯片厂商提供。

展望我国智能计算产业化发展，应关注以下方面的突破。

第一是智能芯片。我国端侧智能计算机芯片发展速度快，新兴企业主要聚焦计算机视觉、语音识别等终端推理应用，以FPGA、ASIC芯片类型为主，主要集中在北京、上海等地。传统芯片企业积极转型，以中星微、中天微、杭州国芯等传统SoC（System on Chip，系统级芯片）及多媒体芯片企业为代表。

第二是存储芯片。我国半导体存储产业处于起步阶段。紫光集团、合肥长鑫（睿力）和福建晋华三驾马车为产业升级做支撑。长江存储、紫光集团的存储战略呈垂直一体化趋势，通过与Spansion公司（现为Cypress）、中科院微电子所技术合作，三维闪存技术不断实现突破。福建晋华开发DRAM（动态随机存取内存）工艺技术，合肥长鑫投产的8Gb DDR4（新一代内存）通过国内外多个大客户验证，获得移动终端低功耗产品投产。

第三是系统设备。龙头企业围绕智能计算基础设施布局，以数据中心基础设施供应商为主。华为聚焦鲲鹏和晟腾生态，以TaiShan和Atlas等典型服务器产品，构架全场景多样性智能计算平台；浪潮围绕智能超算、深度学习服务器以及存储和超融合一体化等计算力，提供多领域全栈全场景智能解决方案，存储系统核心芯片主要由欧美企业供应，存储底层芯片中，我国半导体存储介质快速起步，控制器发展相对较好，但IO接口控制器、IO通道扩展器等核心芯片主要由国外厂商供应。

第四是量子、类脑等计算技术。阿里云、华为、本源量子等企业积极推进量子计算技术商业化，本源量子正式上线首个国产超导量子计算机云平台。众所周知，我国类脑计算机科研成果国际领先，清华大学更首次提出了"类脑计算完备性"理论。2020年9月，本源量子正式上线自主研发超导量子云平台，并面向全球用户提供基于真实量子计算机原型机"悟源"的计算服务，核心数据量子逻辑门和量子读取保证度达到先进水平。浙江大学联合之江实验室共同研制了我国首台基于自主知识产权类脑芯片、全球神经元规模最大的类脑计算机（Darwin Mouse），其包含792颗达尔文2代类脑芯片，支持1.2亿脉冲神经元、近千亿神经突触。清华大学在《一种类脑计算系统层次结构》一文中首次提出"类脑计算完备性"以及硬件去耦合的类脑计算机系统层次结构，通过理论论证与原型实验证明，该类系统的硬件完备性与编译可行性，扩展了类脑计算系统应用范围，使之能支持通用计算。

《上海信息化》2022年第9期

贰

算力技术基建：新基建的重要组成部分

智能计算中心发展态势

焦奕硕　邸绍岩

智能计算中心是中国新型基础设施建设的重要组成部分，也是满足人工智能算力需求、支撑智能化转型的重要力量。本文论述了智能计算中心的发展背景、核心特征和关键技术，研究了智能计算中心对人工智能技术和产业发展的支撑作用以及当前存在的主要问题，并提出了一些发展建议。

随着国民经济各行业加速向数字化、网络化和智能化转型，人工智能技术不断发展，场景应用加速拓展。然而，人工智能模型训练所需海量数据和大规模算力已逐渐超过了多数企业的能力范围，与日益增长的人工智能应用需求构成了较大矛盾。因此建造智能计算中心，大规模生产算力并按需为人工智能应用落地提供算法、算力和数据服务，越发受到地方政府关注，有望成为支撑和引领数字经济、智慧社会发展的关键新型基础设施之一。

焦奕硕、邸绍岩系中国信息通信研究院信息化与工业化融合研究所高级工程师。

1 智能计算中心发展背景

智能计算中心是满足人工智能算力需求的重要途径。随着人工智能在各行各业的加速落地,其处理数据的加速增长和算法模型的复杂化推动人工智能训练对算力的需求快速增长。据OpenAI统计数据,自2012年以来,人工智能模型计算所需计算量已增长30万倍。目前,依靠暴力计算仍是人工智能解决一些应用问题最有效的手段,神经网络的能力边界有待进一步探索,预计未来需更高算力。2020年的人工智能模型GPT-3具有1750亿参数量。微软甚至专门为OpenAI搭建了人工智能计算中心来支撑该模型所需算力;Google于2021年1月发布的自然语言模型Switch Transformer参数量更是达到万亿规模。然而,除微软、Google等领军企业,绝大多数企业无法承担人工智能计算中心的建设和运营费用。据IDC分析,74.5%的企业期望采用具有公共设施意义上的人工智能计算中心。通过统一建设高性能、大规模的智能计算中心,并面向公众以服务形式提供算力成为解决该问题的重要途径。

智能计算中心成为"新基建"的重要组成部分。2018年底的中央经济工作会议提出了"新型基础设施建设"(即"新基建")。新基建概念正式进入公众视野。2020年4月,国家发展改革委进一步明确了新基建的范围,指出新基建包括信息基础设施、融合基础设施、创新基础设施3个方面。其中,信息基础设施包括以5G、物联网、工业互联网、卫星互联网为代表的通信网络基础设施,以人工智能、云计算、区块链等为代表的新技术基础设施,以数据中心、智能计算中心为代表的算力基础设施等。2020年5月,国家发展改革委在《关于2019年国民经济和社会发展计划执行情况与2020年国民经济和社会发展计划草案的报告》中提出制定加快新型基础设施建设和发展的意见,并实施全国一体化大数据中心建设工程,在全国布局近10个区域级数据中心集群和智能计算中心。工业和信息化部在对十三届全国人大三次会议第5777号建议的答复中表示，下一步，将以新基建为契机，统筹规划智算中心等基础设施建设。

智能计算中心建设在全国各地开始落地。广州、武汉等地纷纷宣布启动智能计算中心建设。2020年4月，广州出台的《广州市加快打造数字经济创新引领型城市的若干措施》提出，面向人工智能和5G应用场景，建设基于GPU的人工智能、区块链算力中心。2020年10月，武汉宣布启动武汉人工智能计算中心建设，该计算中心将围绕武汉创建国家新一代人工智能创新发展试验区，助力武汉市智能制造、智慧医疗、智能数字设计与建造、智能网联汽车等产业发展。2020年11月，国家信息中心联合浪潮发布了《智能计算中心规划建设指南》，明确了智能计算中心的概念和架构等。浪潮集团在济南市积极筹建智能计算中心，并通过配套建立培育产业链群的专业园区，打造"中国算谷"人工智能算力平台，支撑济南建设国家新一代人工智能创新发展试验区。

2　智能计算中心的主要特征和建设的主体力量

综合对比产业界对智能计算中心的理解，关于智能计算中心的概念共识可总结为，基于领先人工智能计算架构，为公众提供人工智能应用所需算力服务、数据服务和算法服务的新型基础设施。不同于企业自建的人工智能算力中心，智能计算中心的定位是公共设施，是中国新型基础设施的有机组成部分。智能计算中心一般包含基础支撑、核心功能和提供服务等要素，其中基础支撑主要指运行人工智能计算的相关芯片和算法等；核心功能主要指算力的生产、聚合、调度和释放等作业环节以及支持相关环节实现的软硬件平台；提供服务主要是指计算中心对外提供的算力、数据和算法等相关服务。

2.1 智能计算中心主要特征

开放合作。智能计算中心的公共属性决定其建设多需由政府主导筹划，其技术密集属性决定具体建设运营需由相关科技企业或科研机构执行。智能计算中心的建设运行需产学研用开放合作，协同推进。

创新融合。智能计算中心为提供领先的算力和算法等服务，需采用最新的技术理念，通过硬件重构和软件定义等创新技术实现多种资源和技术要素的协同和融合。

生态协同。智能计算中心的基础设施属性决定其核心功能之一是为各行各业提供智慧化转型支撑。智能计算中心需面向行业发展需求，基于算力、算法和数据等核心资源的汇聚，开展技术研发、成果转化和落地等工作，进一步吸引业务、资金和人才等创新要素集聚，共同培育智能产业生态。

2.2 智能计算中心建设的主体力量

目前，智能计算中心正处于发展起步阶段，政府、企业和学术机构均积极响应，并以多方合作形式在智能计算中心建设领域进行探索。

地方政府。以武汉、济南等为代表的地方政府均在顶层规划层面对智能计算中心进行布局，与企业开展合作，通过建设配套产业园区和人才培养平台等促进智能计算中心发展。

业界企业。以华为和浪潮为代表的ICT基础设施企业凭借其物理设施建设优势，通过承建智能计算中心，搭建产业合作平台打造其人工智能算力生态。以寒武纪为代表的人工智能领域企业依托专精优势，通过成立合资公司等形式参与智能计算中心建设和运营，借助智能计算中心平台扩大自有生态优势。

学术机构。以国家信息中心、中国科学技术信息研究所等为代表的学术研究机构和企业合作发布智能计算中心相关白皮书，定义智能计算中心概念框架，提供建设建议，助力智能计算中心生态建设。

3 智能计算中心的核心架构和技术特征

3.1 智能计算中心的代表性架构和关键技术

智能计算中心当前处于起步探索阶段，规模化建设尚未开展，因此暂时未形成成熟稳定的定性和定量技术指标体系。然而，从定量层面上看，智能计算中心以算力为主要技术指标，当前较多业界专家认为发展良好的智能计算中心所能提供算力应在5—10 EFlops，与此同时其PUE大概应在1.3到1.4范围内。从定性层面上看，当前业界针对智能计算中心的架构和相关核心技术已达成一些共识，目前以国家信息中心所发布的《智能计算中心规划建设指南》中所建议的架构最具有代表性，如图1所示。

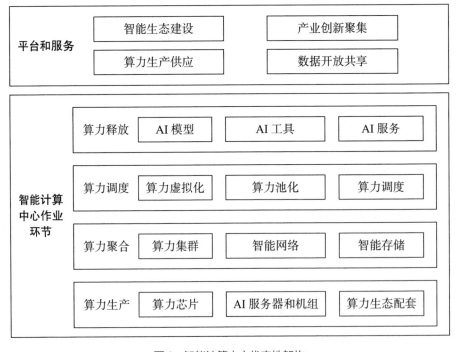

图1 智能计算中心代表性架构

算力生产环节主要包括以芯片为核心组成的各类硬件，以及与这些核心芯片相配套的基础软件、基准性能测试等，是智能计算中心对外提供服务和算力的基础支撑环节。算力生产环节的核心技术有CPU、GPU、FPGA、ASIC等关键芯片的研发设计；以SPEC ML和MLPerf等组织为代表的AI基准测试标准；将GPU、FPGA和ASIC各类算力进行异构融合的AI服务器和算力机组。

算力聚合环节通过高速互联网络将各计算节点、存储节点进行连接，面向智能计算多任务、大规模、高并发等特点，构建高带宽和低延迟的数据汇聚交换平台，将算力生产环节所产生的算力在计算中心内进行聚合。算力聚合环节的核心技术有数据中心网络和大数据混合加速等。数据中心网络又可分为节点内互联和节点外互联，当前我国寒武纪所研发的思源MLU-Link技术可实现节点内600 Gbit/s级别的互联速率，节点外互联以Infiniband为代表，速率可达到200 Gbit/s量级。此外，华为发布了AI Fabric智能无损数据中心网络方案，将无损网络拥塞控制算法和网卡等硬件集成协作，可承载远程直接数据存取（RDMA），形成无时延、无吞吐损失和丢包损失的开放以太网。大数据混合加速主要针对存储和计算分离问题，为解决数据访问慢及数据多平台重复存储等性能瓶颈，可在计算节点下构建虚拟数据湖，在计算框架和存储框架中间增加中间缓存层，可实现缓存效率提升以及数据快速定位读取，整体降低数据存储和访问成本。

算力调度环节基于云计算领域虚拟化和容器编排调度等技术，将算力进行精准调配，保证上层平台和服务的算力供应。算力调度环节的核心技术是GPU虚拟化以及虚拟GPU调度。其中，GPU虚拟化是指将一块物理GPU通过虚拟化技术变成多块虚拟GPU（vGPU），通过将vGPU纳入统一管理并在多个工作负载中统一调配，实现算力资源池化；虚拟GPU调度多基于云原生核心技术Kubernetes，通过开发面向服务和应用的容器编排引擎，可通过容器编排调度将算力更为优化地分配到有需求的节点，减少资源空置，提升整体效能和稳定性，实现服务能力的最优配置。

算力释放环节，是在算力生产、算力聚合和算力调度的基础上，面向各类应用场景需求，基于最新的AI理论和算法，为客户提供各类AI模型、服务和算力，由此构建人工智能技术和产业生态。算力释放环节的核心技术是AI算法、AI服务以及各类相关配套工具。其中AI算法以深度学习为核心，主要包括卷积神经网络、图神经网络、循环神经网络等模型结构以及反向传播优化算法等面向不同任务的新型模型算法；AI服务是人工智能计算中心和下游应用厂商合作的主要渠道，主要有模型接口、开发接口和在线服务等服务提供形式；相关配套工具是为AI推理和训练提供数据处理等方面配套的软件工具，如Hadoop用于大数据处理，OpenCV用于图像处理。

3.2 智能计算中心的新技术特征

智能计算中心作为新一代数据中心，在服务对象和工作模式方面有别于当前主流的超级计算中心和云数据中心，在技术特征上也和传统数据中心有所区别。一是智能计算中心所基于的理论基础不同。超算中心的顶层架构是基于并行计算的算法和设计理论，云计算中心顶层架构基于虚拟化的算法和设计理论，而智能计算中心则是基于深度学习的理论进行顶层架构设计。二是智能计算中心采用不同于传统数据中心的较为领先的人工智能计算架构。为向客户提供优质服务，中心需采用最新的人工智能运算架构来提升运算和相应速度。当前，芯片间互联和开放架构的设计是业界内技术研究热点。2019年在美国举办的OCP全国峰会上，微软、Facebook和百度联合制定了OAM（OCP Accelerator Module）标准。该标准用于指导AI硬件加速模块和系统设计，通过定义AI加速模块、主板、互联拓扑等方面的设计规范，推动不同AI加速模块和系统建立互操作性，实现多计算节点间的高速互联通信，未来有望成为智能计算中心内规模化采用的重要技术。

4 智能计算中心对人工智能技术和产业发展的支撑作用

4.1 智能计算中心在人工智能产业发展中的支撑作用

满足大规模预训练场景算力需求。近来，大规模预训练成为人工智能技术热点，通过大规模数据和超大模型算法训练通用模型，再在此基础上做小场景模型可有效降低成本。智能计算中心通过搭载大量人工智能服务器，对算力进行大规模集中生产、聚合、调度和释放以实现算力的提升和快速交付，提高算法效率和演进节奏。

推动人工智能普惠化发展。智能计算中心既可通过服务形式为有需求的企业提供算力支撑，省去企业投资建设和运营费用，又可通过平台开放接口的方式将行业领军企业的算法、数据资源及运营服务等创新要素输送给IT基础相对薄弱的企业，进一步降低人工智能使用门槛，助力各行业智慧化转型升级。

4.2 智能计算中心在人工智能技术发展中的支撑作用

完善供需对接机制。智能计算中心可作为供需对接平台，从需求侧拉动国产核心技术发展。通过在智能计算中心搭载国产芯片和算法等核心技术，面向应用场景提供服务，可为中国原创核心技术提供一个接受市场检验的快速通道，通过行业应用反馈形成可迅速迭代的良性闭环，助力中国芯片和算法加速发展。

打造创新融合平台。智能计算中心作为新技术融合发展平台，将大大促进融合架构技术发展。智能计算中心通过集成最新的人工智能加速芯片和存储介质等，成为各新兴计算单元进行大规模融合的重要载体，可从需求侧刺激硬件重构和软件定义等融合架构技术创新发展。同时，通过推进平台、框架和算法的协同优化，打通人工智能软硬件产业链，加速人工智能算力技术和产业生态形成。

5　智能计算中心发展所面临主要问题

整体框架不统一，多点建设面临碎片化风险。一方面，概念框架不明确。从各地智能计算中心规划建设情况来看，智能计算中心的核心架构、服务内容等并不完全一致，建设主体思路存在一定差异。另一方面，多点建设未形成合力。智能计算中心建设和运营过程中的业务逻辑、软硬件规范和信息安全等方面仍缺乏一个较为通用的标准体系。多点建设过程存在属地化、碎片化风险，对跨区域协同创新和生态构建造成不利影响。

建设和运营模式不成熟，资金压力较大。智能计算中心的建设多以政府主导、企业合作投资的形式开展。而政府和企业的投资划分、建设和运营主体职能和权责界定大多处于探索阶段，尚缺乏清晰统一的界定。此外，智能计算中心建设和运营成本高昂，不论是政府还是企业投资均面临较大的资金压力。智能计算中心当前暂无经过实践验证的成熟商业运营模式，难以保证建设运营的长期运行。

应用尚未落地，生态构建仍任重道远。当前智能计算中心多处于概念和规划阶段，全国各地尚不存在已在稳定运行并面向公众提供服务的智能计算中心。智能计算中心的服务提供模式及其所能支撑的人工智能应用仍待进一步验证。智能计算中心为构建应用生态，除本身能力建设外，中心的地理位置选择、合作模式探索和合作平台搭建等均面临挑战。

6　智能计算中心发展建议

加大研发力度，突破核心关键技术。面向重点应用场景计算需求，鼓励芯片企业、平台软件企业、行业解决方案企业开展协同创新，突破人工智能芯片、计算架构、平台软件和模型算法等智能计算中心核心技术，提升技术关键环节自主水平。

明确建设模式，形成高效发展路径。加大政企协作力度，强化政策保障和要素支持，探索开放共赢的建设运营模式和多方协同的合作机制。支持建设和运营主体围绕数据脱敏开放和多主体收益分成等主题积极探索新型商业模式，推动智能计算中心高质量可持续发展。

加快应用落地，引领塑造产业生态。强化需求驱动，组织行业用户梳理热点痛点需求，支持有关行业组织加大供需对接力度，为智能计算中心提供更多应用场景。针对重点行业的特色应用开展应用示范，形成一批可推广的典型应用创新模式。引导有智能计算需求的企业积极接入智能计算中心，使用智能计算中心服务，加速企业集聚和数据共享。

加快标准制定，引导产业有序发展。组织企业、协会、高校和科研院所等行业主体加大合作力度，加快制定架构体系、数据接口、信息安全、软硬件规范等方面标准体系。引导各地新建智能计算中心间建立对接机制，形成各中心互联互通的局面，避免出现信息孤岛。

《中兴通讯技术》2023年第3期

贰

算力技术基建：新基建的重要组成部分

我国超算产业发展

常金凤　李宁东　江　畅

　　超级计算是一个国家综合国力的体现，是支撑国家持续发展的关键技术之一，在国民经济建设、科学研究、国防安全中占有重要的战略地位。近年来我国超算产业迎来了飞速发展的阶段，超算逐渐成为促进社会经济可持续发展、产业转型升级和提高人民生活水平的重要手段之一。本文通过介绍当前国内外超算产业发展现状，指出当前我国超算产业发展价值和主要面临的问题，并从不同方面提出了发展建议。

引　言

　　超级计算，又称高性能计算，是计算科学的重要前沿分支。自20世纪80年代以来，超级计算一直为气象预报、航空航天、海洋模拟、石油勘探、地震预测、材料计算、生物医药等领域提供算力支撑。随着国内计算

　　常金凤、李宁东、江畅系中国信息通信研究院云计算与大数据研究所数据中心部助理工程师。

创新模式兴起、产业信息化提升、新一代信息技术发展，超算的应用场景及需求越来越多。超算从提供软硬件资源为主逐渐转变为提供算力服务、打造超算应用服务生态为主。

一、国外超算产业发展现状

（一）全球超算市场规模日益扩张

5G、大数据、人工智能、区块链等新一代信息技术快速发展，多样性算法复杂度的不断提高以及应用场景多元化等因素使得对超级计算方案的需求不断增加。全球超算产业规模近年来整体呈增长趋势，全球超算产业市场规模在2019年突破275亿美元。2020年，受全球新冠疫情影响，部分厂商产品出货有所延迟或因相关预防措施导致减产并暂时关闭工厂，导致超算产业市场规模在2020年下降至239亿美元左右，降幅约为13.4%。

（二）全球超算竞争不断掀起新高潮

从2021年11月发布的全球超级计算机TOP 500榜单中各国超级计算机数量来看，中国共有173台超级计算机上榜，上榜数量连续9次位居第一，但数量较上期减少了13台。美国以150台位列第二，比上期增加了27台，中美两国上榜的超级计算机数量占榜单总量的近2/3。TOP10榜单变化不大，日本的富岳Fugaku第4次封冠，我国最快的超级计算机神威·太湖之光仍是第4名，天河二号仍是第7名。第1名到第9名与2021年6月发布的TOP 500榜单相同，只有第10名微软Azure东2区的Voyager-EUS2是新进者。从2021年11月发布的全球超级计算机TOP500榜单中超算计算机部署厂商份额来看，排名前5的厂商分别为联想、HPE、浪潮、Atos、曙光，所占总份额为78%。中国的厂商表现优异，联想、浪潮、曙光的入围数量分

别达到了180台、50台和36台，在供应商入围数量排名中分别夺得第1名、第3名和第5名。

（三）各国纷纷发力超算

E级超算全球竞争激烈。美国是超算领域的传统强国，在"Strategy for American Innovation"计划中将E级超级计算机列为21世纪最主要的技术挑战。目前，美国已构建了三大E级超算体系：美国能源部DOE体系、国家科学基金会NSF体系、航空航天体系（以美国航空航天局NASA为代表）。近年来，美国采取"芯片禁售令"、列入"实体清单"等一系列措施对部分中国超算单位施加压力，以限制中国超算的发展。日本作为工业大国与超算强国，自20世纪80年代中期开始，其自主研发的超级计算机的性能屡创佳绩，目前依托于专业研究机构和高校的E级超级计算机也在抓紧研制中。欧盟在超算软件和应用研究上较有特色，PRACE、DEISA等E级超算研究项目为欧盟超级计算行业发展奠定了坚实的基础。我国高度重视E级超算的开发和研究，国防科技大学、中科曙光和江南计算技术研究所同时获批牵头E级超级计算的原型系统研制项目，形成中国E级超级计算"三头并进"的局面。

二、国内超算产业发展现状

（一）我国超算规模不断扩大

经过近十年的快速发展，中国在超算领域的实力已达到世界先进水平。1993年，中国第一台高性能计算机"曙光一号并行机"研制成功，打破了国外IT巨头对我国超算技术的垄断。自此，中国不断加快超级计算机研制步伐。从全球超级计算机TOP 500榜单来看，来自内地的超级计算机制造厂商份额不断提升，逐渐和美国并驾齐驱。我国在天津、长沙、济南、广州、深圳、无锡、郑州、昆山等多地建立了国家级超算中心。各地方、各行业、各高校也在积极推进高水平超算中心建设，我国超算发展水平正在加速上升中。

（二）我国超算性能逐年提升

我国超级计算机发展迅速，在自主可控、峰值速度、持续性能、绿色指标等方面不断实现突破。全球高性能计算机TOP 500榜单的榜首位置曾长期被美、日、欧等霸占。但进入21世纪以来，多台来自中国的高性能计算机开始登顶，"神威·太湖之光"与"天河2号"多次夺得冠军。根据中国计算机学会HPC专业委员会和中科院计算技术研究所统计，2002年我国超级计算机平均性能仅为0.09 TFlop/s，到2020年已经快速发展到3842 TFlop/s，增加了4万多倍。根据最新发布的2021中国超级计算机（HPC）性能TOP100榜单，2021年全部上榜的100台超算系统的平均性能，相比2020年提升79%。2021年榜单排名第一的超级计算机的性能是2020年的1.34倍，2021年榜单最后一名的性能是2020年的1.06倍。

（三）我国超算企业龙头效应显著

在核心技术积累和规模效应叠加等多重因素下，我国超级计算机龙头企业聚集效应明显。2021年发布的中国超级计算机性能TOP 100榜单中，排名前3的厂商份额合计占上榜系统份额的80%，分别是联想（40套系统）、浪潮（28套系统）、中科曙光（12套系统），但前三强性能占比仅为28%，性能仍有较大进步空间。中国超算要想更上一层楼，中国超级计算机厂商不光在交付能力上要保持领先，更重要的是需要在超级计算机新技术高峰上集聚势能。

三、超算产业发展价值

（一）超算产业链逐步完善

近年来，我国超算进入快速发展的阶段，以国家级超算中心为主的国内超算平台正在加强寻求可持续性发展，在服务于国家、地方重大应用需求外与用户加强合作，提高应用服务能力，将相关应用的开发经验、成果向行业、产业界横向辐射联结，逐步建设我国完整的超算应用生态环境，打造完整的超算产业链，充分发挥超算产业支撑经济发展的重要作用。在此发展背景下，我国初步形成的超算产业链由上、中、下游构成，上游主要包括硬件资源（计算、存储、网络等）、软件资源（基础软件、应用软件等）、配套基础设施资源（配电、制冷等），中游是对上游的资源进行整合，提供强大的超算资源并为相关需求行业提供超算服务及解决方案，下游是应用层，包括超算衍生产业和重点应用领域（见图1）。

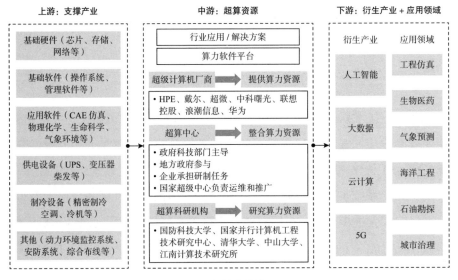

图1　超算产业范围

（二）超算产业推动科技进步

超算的传统应用领域是科学研究，如环境预测、能源勘探、工程仿真、新材料研究、生物医药等。时至今日，超算及相关技术已衍生至大数据、物联网、人工智能等新兴技术领域，超级计算机已经成为支撑我国信息化发展的基础设施，正在逐步发展成为城市的算力大脑，汇聚和计算海量数据、优化城市管理和服务以及改善市民生活质量。随着超算产业生态环境的建立和完善，通过充分整合产业链上下游的资源，不仅可以推动超算传统科学研究领域的技术创新，还可以强化超算应用技术在新兴科技领域的辐射能力，将切实起到引领科技进步的核心作用。

（三）超算产业助推经济增长

超级计算及相关技术应用将对算力需求企业起到至关重要的推动作用，保障生产效率与质量，实现技术升级产业转型。目前，超算正在通过先进电子技术、计算服务、软件应用等方式为我国重点行业提供算力服务，超算产业生态链的建设将会对超算应用领域相关产业调整及升级转型起到实质性推动作用。超算产业生态环境的建立和完善可以带来延伸性经济增长，对包括工业、软件和信息服务业、电子信息业在内的大部分行业产值都具有较为显著的带动性，具体表现在产业产值增长、生产效率提升、商业模式创新、用户体验优化等方面。

四、我国超算产业发展存在的问题

（一）国产芯片研究起步较晚，核心技术一定程度上依赖国外

超级计算机的核心硬件CPU与GPU市场呈现马太效应，CPU主要由Intel与AMD领跑，GPU市场由英伟达等国际巨头掌握关键技术话语权。近年来，我国高度重视超级计算机核心芯片自主国产化研究，海光国产

x86架构CPU、DCU深度计算单元、国防科大飞腾CPU以及江南计算技术研究所的申威处理器均已获得大规模的应用。但国产芯片研究起步较晚，CPU、GPU等超算核心芯片指令集架构领域仍然存在明显短板，缺乏高端芯片制造能力。EDA和编程平台长期面临卡脖子风险，核心设备依赖进口，自主权和议价权仍由国外巨头掌控。产业链生态发展不完善，严重掣肘了我国超算产业的发展。

（二）我国超算软件生态仍然薄弱，牵制超算产业链稳固发展

现阶段国内超算软件生态仍然是薄弱环节，软件的开发能力较弱，操作系统、管理软件、应用软件市场仍由国外巨头掌控。操作系统方面超算主要使用国际通用Linux开源软件，我国以开源基金、开源社区、开源技术、商品化产品为核心的自主开源生态循环尚待建立。管理和应用软件方面，主要依赖于采购国外昂贵的商业软件，自主研发能力不足。国内部分超算应用单位通过积极探索和研究，开发了一些重大行业超算应用软件，但主要用于自研自用，没有进行商业推广，缺少相应的产业化工作，导致较难被行业更多用户认可和使用。

（三）超算专业人才不足，制约超算产业链发展进程

高端专业人才是产业发展的重要基石，随着我国超算行业进入快速发展阶段，对满足产业发展的人才需求呈现空前增长态势，尤其是对优质产业人才的需求正在不断扩大。目前，我国高端超算人才主要集中在国内外一些规模较大的超级计算机厂商以及国家级研究机构中，超算专业人才整体相对稀缺。超算专业人才的稀缺使得超算产业链链条企业发展受阻，无法快速提升研发领域的技术创新能力，难以形成自身的技术优势或差异化优势，进而制约超算产业整体发展进程。

（四）产业发展路径不明确，商业模式需进一步探索

超算产业具有技术涉及面广、研制周期长、投资巨大、参与者多、链条辐射面广的突出特点，产业链生态的建设和运营需要财政和财政外资金的高投入，也需要依靠技术先进的市场化企业进行精细化管理。从全国范围来看，当前我国超算产业的发展路径还不太明确，主要依靠于建设超算中心的地方政府及企业自主探索。超算行业本身也无统一的成熟商业运营模式，超级算力的使用方式、应用场景、收费模式在全国还未形成统一范式，如何商业化运营是产业发展中亟须解决的重难点问题。

五、超算产业发展建议

（一）加速超算产业生态建立

应以具有竞争力的市场主体为核心，推动超算产业链上下游间的资源要素整合，进行业务流程再造和组织机制重构，形成超算产业各方深度合作、共生共荣的良好发展生态。在国家层面应予以战略统筹，各超算中心所在地方政府应主导制定科学分析的、长期投资的、多部门合作的中长期远景规划，加速形成完善且具有地方特色的超算产业生态环境。

（二）鼓励核心技术自主研发和应用

鼓励相关企业开展超算核心技术研究，加大计算芯片、存储器、服务器的研发投入，提升硬件设备的整体使用性能，形成自主研发超算硬件生产体系。加速基础软件、管理软件和应用软件的生态构建，对于超算软件短板采用"购买—吸收—研发—创新"的方式解决，促进软硬件协同发展，确保我国超算产业核心链条能够长效可持续发展。

（三）加快完善超算市场管理机制

以市场为导向，以企业为主体，产学研用相结合，建立完善的管理机制，设置必要的监督管理机构，保障我国超算产业优质化发展。综合考虑市场需求适配、区域协同等因素，科学论证超算产业项目建设可行性，形成多批次、多维度的超算产业生态。

（四）探索产业商业发展新模式

鼓励企业、高校、研究机构合作研究超算成熟商业运营模式，在超级算力的使用方式、运维管理、收费模式等方面统一标准。鼓励开展超算关键通用技术、关键领域技术、安全技术的研发工作，围绕产业创新和生态构建，开展领域标准研究与应用实践，推动超算产业科学发展。

六、结语

随着超算技术进步和应用领域的不断拓展，我国超算产业已经进入了由研转用的重要发展时期。在数据成为新的生产要素，算力成为核心生产力的数字经济时代，如何抢抓新一轮超算发展的历史机遇，持续增强超算的全方位能力，进一步加快我国超算产业化发展，支撑新旧动能转换，将是接下来一段时间研究的核心主题。

《信息通信技术与政策》2022年第3期

中国超算技术赶超发展模式探析

苏诺雅

　　超级计算是解决国家安全、经济建设、科学进步、社会发展和国防建设等领域重大挑战性问题的重要手段，是各国科技发展中必争的战略制高点。通过调查和实证，本文重点分析了中国超算技术追赶中政府的引导作用和企业作为市场主体的作用。面向领域的战略需求，政府通过长期资助，形成厚实的知识和人才队伍积累；面向科技创新，政府主导全国的集群创新实现中国超算登顶，并建设国家超算基础设施；面向全面发展，积极发展超算应用，并按照企业是市场主体的原则，通过企业参与超算竞争研制，实现技术溢出和市场突破。我国超算技术发展模式可以为其他高技术领域发展提供借鉴经验。

　　超级计算，简称超算，包括超级计算机、超级计算应用等。超级计算

苏诺雅系北京大学光华管理学院博士研究生。

貳

算力技术基建：新基建的重要组成部分

是"国之重器"，是一个国家综合国力和科技竞争力的重要表现，是国家创新体系的重要组成，是解决经济建设、科学进步、社会发展和国防建设等领域一系列挑战性问题的重要手段。它作为一种通用基础技术，广泛应用于航空航天、气象预测、宇宙探索、新材料研究、石油天然气开采、分子模拟、航空动力学模拟、核能仿真计算和动漫渲染等国民经济领域。

在信息时代，超算已成为科技创新和经济社会发展的重要支撑，在全世界范围内，政府和有关部门普遍将超算作为科研公共服务体系进行重点建设。超算还是信息领域产品创新和产业发展的先导，可辐射带动相关信息产业链的发展。

超级计算机又称高性能计算机，早期也称为巨型计算机。超级计算机通常将每秒浮点运算次数（简称为每秒次数）作为衡量指标。1975年，全球首台超算系统美国CRAY-1实现了每秒1.6亿次浮点计算。

超算能力的界定具有非常明显的时间特点。由于计算机技术发展迅猛，更新迭代速度快（参考摩尔定律），一般以当时全球超级计算机TOP500排名的计算能力作为参考。2000年左右，每秒万亿次计算能力是超算的重要标志。到2010年前后，很多服务器都能达到该水平。因此，超级计算机系统与服务器的技术界限和计算能力界限也越来越模糊，特别是集群服务器，作为一种超级计算机体系结构，一定规模的集群服务器也经常进入超算TOP500的排名。现今普通智能手机的计算能力已超过30年前世界最先进的超级计算机。

1 近十年我国超算取得的主要成就

超算的发展道路与高铁、汽车等行业存在很大的不同。在高铁领域，相关政府部门和机构通过与国外企业和科研机构进行联合开发，签订技术转让等方式，引进了国外先进的技术和人员，国内科研单位和机构，在仿制和改进的过程中，逐步积累经验，为之后的创新发展打下基础。

而中国超算的发展，包括计算机技术的发展，由于进口设备性能受国际禁运组织"巴统"的限制，从起步阶段开始，就无法通过引进设备直接进行技术学习。

自1975年CRAY-1超级计算机在美国诞生起，由于超算在军事、石油等战略性领域具有不可替代的作用，因而有关国家将超算列入出口管制的技术。以中国气象局等单位早年购买的IBM大型机为例，按照美方的要求，设备安装在机房内部专门建的玻璃房内，只有美国公司认可的技术人员能够进入进行操作，同时摄像头监控画面需要保存，供美国公司查证，严防中方通过接触超算设备进行技术学习。

从1978年邓小平同志亲自决策研制"银河-I"超级计算机，力图在1983年接近美国1975年的技术水平，达到每秒1亿次计算能力，到2009年后中国机器多次登顶世界，中国的超算技术在30多年里实现了对国外先进技术的追赶和超越，并在最近十年开始在某些方面引领世界超算发展的潮流。在此过程中，我国逐步形成了三支研制超级计算机的团队和产品序列——国防科技大学及其"银河/天河"系列、中科曙光及其"曙光"系列、江南计算所及其"神威"系列。周兴铭院士将这种格局形容为中国的"超算家族"三箭齐发的格局。在没有国外设备或技术图纸可直接借鉴的情况下，各方科研人员从零开始，摸着石头过河，在超算设计框架、超算系统研制、高性能CPU、系统软件和应用软件等方面取得了诸多重大突破性进展，并获得了国际肯定。在市场表现上，中国制造的设备在国际TOP500中的占比也实现了跨越式增长。

我国超算技术在不长的时间内实现了技术追赶和超越，是非常了不起的成就。下面简要总结和梳理了近十年里中国超算取得的主要成果。

1.1 "天河"系列和"太湖之光"八年11次登上世界超算巅峰

2009年，国防科技大学和天津滨海新区联合完成"天河一号"研制。2010年11月，通过优化升级，实测运算速度达到每秒2566万亿次，理论

算力技术基建：新基建的重要组成部分

峰值速度每秒4701万亿次的"天河一号A"，成为当时世界上运算最快的超级计算机，荣登TOP500榜首。2013年6月实测运算速度每秒3.39亿亿次的"天河二号"再次登顶TOP500，其理论峰值速度达每秒5.49亿亿次。

在此之前，中国超算一直在努力追赶美国、日本等超算强国的技术研究，而从"天河"系列开始，我国开始实现与超算强国的并跑，并在个别方向实现领跑。"天河"系列在运算速度上实现突破，依赖着多方面的技术创新，其中较为关键的是在全世界范围内，首次在工程上实现了通用CPU和GPU混合的体系结构，CPU和GPU的结合，使得单结点的浮点计算能力得到极大提高，功耗增加不多，性能价格比很好。正是由于"天河"研制团队在异构体系结构创新突破和大规模工程实现中大胆实践，引领了超算技术向该方向的发展。美国斯坦福大学计算机系主任、NVIDIA公司首席科学家比尔·戴利评价认为："中国的天河计算机采取的CPU与GPU融合的结构，代表了未来高性能计算机的发展趋势。"除此之外，"天河"节点互连速度是国际商用互联技术的1倍，降低了超算系统内节点之间的延迟，也减小了开销，并提高了计算速度。在2015年11月公布的TOP500中，使用加速器的超算系统的总计算性能占总体的三分之一；面向GPU并行处理进行高端应用软件代码优化的应用也超过三分之二。

2016年6月，"神威·太湖之光"超过"天河二号A"，登顶TOP500榜单，其理论峰值达到每秒12.54亿亿次，实测性能为每秒9.30亿亿次。"神威·太湖之光"由江南计算所等单位研制，安装在国家超算无锡中心。系统包含40960个自主研发的"申威26010"众核处理器，采用64位申威指令系统。整套系统在运算速度上的优势保持了两年，在2018年6月被美国Summit超级计算机以每秒14.86亿亿次超过。

1.2 超算应用同步发力，多个项目荣获"戈登·贝尔"奖及提名

在超算领域，除了TOP500排名，还有一个为奖励高性能计算应用水

平而设置的"戈登·贝尔"奖。我国已于2016年、2017年两次获得该奖项，多次获得提名，这展示出我国不仅在超算设备研制上取得了突破，在超算应用领域的成果也获得了国际认可。

2015年，为了研究1992年美国加州兰德斯大地震震波传播过程，"天河"研制团队与德国慕尼黑工业大学等合作团队，利用"天河二号"开展真实地震震波传播模拟，从而为研究地震波产生传播机理和地震预报提供了新的途径。该成果获得"戈登·贝尔"提名。

2016年，由中国科学院软件研究所、清华大学等单位合作，在"神威·太湖之光"系统上研制的"千万核可扩展全球大气动力学全隐式模拟"获得"戈登·贝尔"奖，实现了中国团队在该奖项零的突破，在超算领域竖起新的里程碑。同年，国家海洋局第一海洋研究所与清华大学合作完成的"高分辨率海浪数值模拟"，以及中科院等单位完成的"钛合金微结构演化相场模拟"均获得提名。

2017年，清华大学、南方科技大学、中国科学技术大学等单位在"神威·太湖之光"系统上完成的"非线性地震模拟"，对唐山大地震的发生过程进行高分辨率精确模拟，也获得"戈登·贝尔"奖。

1.3 TOP500中国制造占比超越美国，超算技术跻身世界前列

中国制造的超算系统近年市场份额的攀升，与我国在多产业、多维度大力推动自主可控有一定关系。但是，从相对开放竞争的国内大型互联网企业实际采购情况、国内机器出口抢占国外市场等方面可以看出，我国超算在技术上取得的成就，已经在产业界和学界得到了世界性的认可。以TOP500中设备数量为例，如图1所示，2016年6月，中国安装168台，美国165台，首次超过美国。到2018年6月，中国制造262台，美国187台，中国制造的设备数量首次超过美国，成为TOP500最大制造国。中国设备不仅在本国市场上部分替代国外产品，也大量输出到其他国家。以2019年11月公布的TOP500机器为例，中国安装台数为231，中国制造台数为328，

美国安装台数为117，美国制造台数为124。日本安装台数为29，日本制造台数为22，欧洲安装台数为94，欧洲制造台数26，其他地区安装台数为29，制造台数为0。

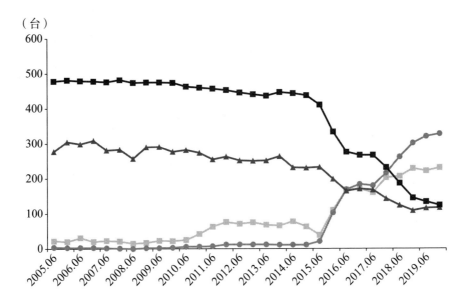

图1　中美超算500强台数对比图

注：某国台数指的是安装在该国的超算系统数量，某国制造指的是由某国科研单位或企业研发制造的超算系统数量。

同时，超算技术溢出效益也非常明显。由于服务器可以平滑地采用超算的互联技术、CPU技术、操作系统技术和并行软件设计等，我国在超算方面的积累自然地溢出到服务器产业，使得一批企业在该领域快速成长。根据IDC数据，2018年12月11日发布的世界服务器厂家收入前五公司报告中，第一的戴尔（DELL）为40.93亿美元，占17.5%，第二的HPE和新华三占16.3%，第三的浪潮占7.3%，第四的联想占6.2%，并列第五的包括IBM占5.1%、华为占4.5%和思科占4.5%。中国企业整体的市场占有率达到世界第二，而在十年前没有一家中国企业进入前五。

1.4 E级计算技术取得初步成就

E级计算指的是每秒运算超过百亿亿次（10^{18}）的计算水平。2016年启动的国家重点研发计划"高性能计算"，拉开了我国超算团队冲击E级计算的序幕。2018年底，各研制单位已完成原型机的关键技术验证，标志着我国超算开始迈向E级，同时自主创新和安全可控程度又上新台阶。

"天河三号"E级原型机使用了研究团队设计的"迈创"众核处理器（Matrix-2000）、高速互连控制器和互连接口控制器三款芯片，以及计算、存储和服务等节点，进一步提升了系统整体自主可控性。"神威"E级原型机采用了自主知识产权的众核处理器和网络芯片组，在E级体系结构、系统软件、并行算法等方面取得了重要创新。"曙光"E级原型在国产x86高端通用处理器、国产GPU众核加速器、6D-Torus交换系统、全浸式相变冷却技术、超融合自适应集群操作系统等方面取得了突破。

2 面向战略需求，政府大力发展超算技术与队伍

计算机自发明起，就成了各国战略性产业，并获得政府大量投入。超算由于其公共品的属性和巨大的资金需求，在各国发展中均以政府投资为主。以美国政府为例，其目标是使其计算机产业在全球占据和保持领先地位。因此，美国政府不仅对计算机科学和基础研究投入了大量资金，还对推动产业技术的应用和推广投入了大量资金。

日本扶持电子计算机产业、半导体产业可以追溯到20世纪50至70年代，日本政府颁布一系列法令促进电子产业发展。正是政府不懈努力，使得日本计算机和半导体产业得以发展，赶超欧洲。

世界银行增长委员会，对世界经济增长研究发现，第二次世界大战以后成功的国家或地区非常少，当中最显著的有13个经济体，他们取得每年7%以上的增长，并使得增长持续25年或更长时间。这13个经济体有五

个特征，一是开放经济，二是宏观环境稳定，三是持续高投资，四是有效的市场，五是积极有为的政府。由此可见，政府在创新系统中的作用至关重要。

2.1 向量机时代，政府布局实现超算零的突破

超算是计算机产业的龙头，自然得到政府的高度重视。在1978年到1990年之间，我国研制超级计算机主要考虑国家战略需求，如石油勘探、气象预测、军事应用等领域对计算能力的需求。但是在此阶段，受国家财政能力限制和其他因素的考虑，国家层面没有体系化的国家超算计划或者连续的工程项目，主要是结合技术发展趋势和实际用户应用需要，每个项目逐一论证上马。在立项过程中，各部门均相对谨慎，没有一味地给科研单位"开绿灯"，并给予宽松的经费支持，因此项目之间间隔周期长。在国外技术限制放宽后，有关部门在直接购买外国设备和自行研制之间也进行谨慎权衡，采取"业务主机"与"备份主机"的"竞争上岗"等模式，为国内项目承担团队提供了技术积累和追赶的机会，同时对科研团队提出了更高的技术指标要求和研制时效的要求。

CRAY-1超级计算机1975年诞生于美国。CRAY-1开启了向量计算机时代。向量计算机的运算就像数组运算，一条指令就可以处理整个向量，效率非常高。1978年，邓小平同志亲自决策，将研制亿次超级计算机的任务交给了国防科技大学。

要研制超级计算机系统，必须解决四大难题：一是体系结构，二是实现系统的基本器件，三是工艺技术，四是软件系统。当时，在国外封锁技术，专业技术人才奇缺，国产元器件落后的情况下，研制国产超级计算机似乎是不可能完成的任务。国防科大科研团队在十分艰苦的条件下，通过5年的努力，攻克了数以百计的理论、技术和工艺难关。1983年12月，我国第一台亿次超级计算机——"银河-I"研制成功，并通过国家技术鉴定，中国成为继美国、日本后第三个能够设计和制造超级计算机的国家。

完成"银河–I"系统后，国家有关部门并没有下达研制更高运算速度的超级计算机的任务。一方面国家财力有限，诸多科研领域都有待国家经费支持；另一方面科学技术整体水平落后，对超算没有强烈的应用需求。一直到1988年3月正式签订合同，国防科技大学的团队开始"银河–Ⅱ"10亿次计算机的研制。"银河–Ⅱ"面临的直接技术难题是当时国际上没有可用于科学计算的高性能64位微处理器，只能用市场通用的中小规模通用集成电路自己设计"银河–Ⅱ"计算机的核心处理部件。

2.2　大规模并行处理时代，政府布局技术与市场的结合

无论是中国"银河–Ⅰ""银河–Ⅱ"，还是国际上最早的超级计算机，都是向量计算机。一直到20世纪90年代初期，向量机占据着高性能计算机的统治地位。但是由于向量化的程序设计，需要对领域问题进行向量化建模，难度很大。应用十分不方便，加之全定制处理器高昂的成本，导致向量机发展遇到了瓶颈，难以扩展。

为了解决大规模扩展的问题，国际上出现了大规模并行处理（Massively Parallel Processing，MPP）体系结构。MPP结构可以扩展到几十万个节点。在MPP体系结构中，节点一般根据任务，分为计算节点、服务节点、存储节点、I／O节点，等等。计算节点和服务节点是最主要的。计算节点主要提供计算能力，一般运行轻量级、定制的操作系统，使节点能力最大可能用于计算，后期发展的各类加速器，实际上就是从硬件上进一步优化计算节点。而服务节点一般运行完整的操作系统，管理整个超算系统，为计算节点、存储节点等提供文件系统、任务管理和I／O等服务。MPP的节点之间一般采用多种高速网络互连。多种网络面向不同的通信需求，例如连接计算节点的内部互联网，一般是研制机构的私有协议，或者私有技术规范，需要专用部件，构建和维护成本较高。执行运行维护控制任务的控制网络，一般采用通用以太网技术作为基础，比较成熟。存储网络任务一般采用商用流行的技术，保证计算节点、内部存储节点、外部大容量存储系统（一般是第三方提

供），能够很好地互联、互通、互操作。

在"银河－Ⅱ"完成后，经过2—3年的立项，国防科技大学采用MPP体系结构，完成了每秒30亿次的"银河－Ⅲ"超级计算机系统，以及后来更高性能计算机系统的研制。通过"银河"系列超算系统的研制，国内率先实现万亿次计算能力。国防科技大学"银河"超算团队技术能力和团队创新能力得到进一步加强。

除了国防科技大学的团队外，同期，国内另外两个超算团队也不断发展壮大。

第二个超算团队是中科曙光团队。1990年3月，在863计划的支持下，国家智能计算机研究开发中心在中国科学院计算技术研究所成立，开展超算的基础理论创新、关键技术突破和超算应用推广。该团队在1993年研制成功了"曙光一号"，1995研制成功了"曙光1000"。1995年成立曙光公司（全称曙光信息产业有限公司），由中国科学院计算技术研究所等单位出资。中科院计算所成为曙光公司的技术基地。曙光每年将部分销售收入用于研发投入。因此这是中国超算技术与市场结合的起点。在超算技术产业化推进中，中科曙光做出突破性和系统性的贡献，形成了曙光超算团队。

第三个团队是基于江南计算所的神威超算团队。该团队通过多代计算机系统研制，在计算机系统工程等方面积累了丰富的经验。"神威一号"高性能计算机于1999年8月问世，峰值运行速度为每秒3840亿次，在当时TOP500高性能计算机中排名第48位。"神威一号"计算机先后安装在北京高性能计算机应用中心和上海超算中心。为气象气候、石油物探、生命科学、航空航天、材料工程、环境科学和基础科学等领域提供了不可缺少的高端计算工具，为我国经济建设和科学研究发挥了重要的作用。

2.3 互联网时代，政府全方位布局超算支持计划

在《国家中长期科学和技术发展规划纲要（2006—2020年）》指导

下，国家863计划连续设立重点项目，包括"高效能计算机及网格服务环境"重大专项、"高端容错计算机"和"高效能计算机及应用服务环境"等。第一个项目强调计算性能、开发的效率、程序可移植性、系统的鲁棒性等，强调机器、环境、应用三位一体的发展。第二个项目立足攻关关键领域的高可靠服务器。第三个项目强调超算系统应用，探索新的超算环境运行模式和管理机制，探索建立计算服务业的发展途径。

"十一五"初期，863计划通过竞争择优方式，启动了三套千万亿次计算机系统的研制，三个研发团体分别是国防科技大学和天津市政府、中科院计算所和深圳市政府、江南计算所和济南市政府，每个组合均实现了跨越省级行政区的配对。

国防科大研制的千万亿次系统——"天河一号"，理论峰值是每秒1206万亿次，实测计算速度峰值是每秒563.1万亿次，2009年11月排名亚洲第一。随后一年，"天河一号"的升级版本"天河一号A"研制成功，采用Intel多核处理器和Nvidia GPU组成的异构体系结构，实测计算速度峰值达到2566万亿次，在2010年11月世界TOP500排名中位列第一。

2010年，中科院计算所的千万亿次系统"曙光6000"研制成功，由计算分区和服务分区组成的异构系统。计算分区采用计算所提出的超并行体系结构，是一种改进型的星群结构。目前多数应用是面向Intel x86指令集。由于龙芯的指令集和x86指令集不一样，所以需要解决兼容性问题。中科曙光采用的办法是，在超节点的x86 CPU中运行操作系统，编译和应用任务。用户先提交给x86 CPU，再由硬件支持的二进制翻译，将计算任务分配到龙芯处理器上运行。曙光星云作为"曙光6000"的计算分区，理论计算峰值2984.3万亿次，实测峰值1271.0万亿次，在2010年6月的世界TOP500排名中排名第二。

2011年11月，第三台千万亿次高效能计算机"神威蓝光"研制成功，并安装在国家超算济南中心。

"十二五"期间，863计划通过重大项目"高效能计算机及应用服务环境"，研制世界领先的计算系统，包括"天河二号""神威·太湖之光"两个系统。如前所述，这两个系统将我国超算技术推上新高度，实现超算技术崛起。863重大项目同时强调超算环境新的运行模式和机制，探索建立计算服务业的途径，并积极发展超算应用社区，更好地支持超算应用发展。

2016年《国家创新驱动发展战略纲要》中提出，发展新一代信息网络技术，加强类人智能等技术研究，推动云计算、大数据、高性能计算等技术研发与综合应用。同年，《"十三五"国家科技创新规划》明确提出要发展高性能计算，突破E级计算机核心技术，依托自主可控技术，研制满足应用需求的E级高性能计算机系统，使我国高性能计算机的性能在"十三五"期间保持世界领先水平。在国家科技创新规划指导下，经过战略研究及论证，正式启动国家重点研发计划"高性能计算"研发专项。

根据国家重点研发计划的项目规划，我国在2020年推出首台E级超级计算机器。通过竞争，天河超算团队、神威超算团队和曙光超算团队获得该项任务，并都已完成了原型机研制和验收。

2.4 发展模式小结

我国超算从计划经济时代开始，起步于气象、石油等战略性领域的计算需求。即使在国家科研经费十分有限的情况下，国家依然面对战略需求，支持超算研究，培养超算技术、人才和团队。在此条件下，形成了"银河/天河"超算团队、"曙光"超算团队和"神威"超算团队，培养了三个后来竞争格局下同台竞技的强劲对手。进入21世纪，政府开始全方位主导超算的战略发展，制订连续的超算科研支持计划，全面支持超算发展，形成厚实的技术、人才、团队的积累。因此，对于战略性高技术领域，需要尽早进入，通过国家任务牵引，积累技术、人才，形成国家队，通过技术转移、技术溢出、人才溢出等效应，为该领域的腾飞奠定基础，在适当时候，通过适当机制，促进该领域实现技术跨越。既不能好高骛远，也不能束手束脚。

3 面向科技创新战略，政府积极倡导超算基础设施建设

重大基础设施建设必须依靠国家。"算力"是信息时代的重要生产力，也是支持科学计算、大规模数据处理、人工智能、大数据的基础。但是超算基础设施投入太大，周期太长，风险太高，企业家是不愿意投入的，只能由政府投入。但是，政府可以支配的经费是有限度的，需要对财政资源进行配置。政府的资源配置希望有利于产业发展，有利于经济发展。美国或者其他发达国家都采取这种措施，政府在科研研发上的投入，有的占整个投入的80%以上，最少的也占25%。政府主导超算基础设施建设，实际上也是产业政策的一部分。

3.1 美日欧的超算基础设施管理模式

美国是高性能计算的霸主，美国的超算研究一贯是由国家主导。美国能源部和美国国家科学基金会（National Science Foundation，NSF）是超算投入的主体。各超算中心有着相对持续稳定的经费保障，在经营方面采用"政府所有，承包商运行"（Government-Owned，Contractor-Operated，GOCO）的方式，通过引入承包商等方式，形成竞争环境。从运营上，一般情况下，科研机构、大学用户以及政府支持的特定项目用户可免费使用，而其他商业用户则要收费。

在国家层面，从20世纪70年代起，美国一直通过国家计划推动计算科学发展，至少包括"战略计算机计划""高性能计算和通信计划""加速战略计算计划"，以及"先进计算设施伙伴计划"等。2015年7月奥巴马总统签署行政命令，要求创建"国家战略计算计划"，目的是使高性能计算的研究开发与部署，能够更多地用于科学发现与经济竞争。

在美国能源部管辖的实验室中，至少有6个拥有世界级超级计算机的实验室，包括劳伦斯利弗莫尔国家实验室、洛斯阿拉莫斯国家实验室、橡树岭国家实验室、阿贡国家实验室、劳伦斯伯克利国家实验室、桑迪亚国

家实验室等。这些实验室在超级计算机体系结构需求设计、应用软件设计、运行维护等方面的能力和经验是世界上最先进的。尽管国家实验室委托大学和企业管理，但研究开发经费80%以上来自能源部，这也反映出实验室的主要任务是能源部支持的长期的、前沿的、高风险的基础性和应用研究。

美国超算的另一个主要投资主体——NSF，从20世纪80年代中期开始，为全美国大学及政府机构建立了6个超级计算机中心。NSF正在推行一项5年12亿美元的极限科学与工程探索环境项目，旨在建设统一的虚拟系统，使得世界各地的科学家，可以通过系统来共享计算资源、数据和专业知识。通过多学科合作，以应对社会的巨大挑战。

日本也是超算强国之一。20世纪80年代中期，日本研发的超级计算机在性能方面就屡次超越美国，富士通和NEC等制造的向量机，甚至一度"倾销"美国本土。1993年6月的TOP500中，日本制造的超级计算机占21%。在投资模式上，日本也采取由国家投资，科研院所、大学以及企业承担研制的方式。20世纪80年代后期，日本将很多精力投入研制第五代计算机（人工智能计算机）。由于工程失败，也使得日本计算机发展一度陷入低迷，到2020年11月TOP500中仅占7%。但日本的向量处理方法一直有很明显的优势，国产CPU的能力也很强，富士通公司为日本理化研究所（理研）研制的K就是非常有特色的代表。在节能技术上，仍保持世界领先水平，尤以两次问鼎Green500的东京工业大学TSUBAME-KFC为代表。同时，日本在地震预测、天气预报、汽车、材料等高性能计算应用方面具有较大优势，2011—2012年连续蝉联两届ACM"戈登·贝尔"奖。2020年6月，日本的"富岳"系统重登TOP500榜首。

欧洲多国超算中心经过长期的探索发展，已成为世界高性能计算领域非常重要的力量之一。2017年6月瑞士Piz Daint在TOP500排名第三，峰值2亿亿次。欧洲信息大型公司ATOS是欧洲超算研制的重要力量，还为印度等提供超算技术。ATOS和Intel等联合研制的Tera100，计算能力11970万亿次，安装在法国，Tera100于2018年6月跻身TOP500第14位，2019年

11月则是第17位。2015年11月德国Hazel Hen在TOP500排名第8，峰值7400万亿次。经过多年的积累和实践，各超算中心也形成了较为成熟、多样的运营方式。例如，芬兰科学计算中心，成立于1970年，每年会得到中央政府机构5000万美元的资助经费，项目则来自教育部和其他合作项目。芬兰政府通过从芬兰科学计算中心购买计算资源的方式，提供经费，并把计算资源免费提供给芬兰的大学和研究机构使用。德国斯图加特高性能计算中心，成立于1962年，地方、联邦政府资助员工薪水，斯图加特大学全额承担能源消耗方面的支出。

3.2　中国政府主导建设国家网络计算环境，构建国家超算能力

超算中心可以为一定区域服务，国家网络计算环境则是在更高层次上和更大的应用范围，聚合超算资源，实现资源共享。国家网络计算环境可以分为三个阶段。第一个阶段是国家高性能计算中心阶段。为了更好地推进高性能计算机在各个领域的应用，国家科技部于1995年成立了第一个国家高性能计算中心。后来在北京、上海、武汉、合肥、成都、杭州、西安等地建立了多个国家高性能计算中心，配置了国产的高性能计算机系统。国家高性能计算中心不仅在早期的高性能计算应用开发中发挥了重要作用，也为后来国家网格建设、国家超算中心建设，积累了丰富经验。

第二个阶段是国家网格计算阶段。2000年前后，在863"国家高性能计算环境"项目支持下，我国建立了由5个超算中心构成的国家高性能计算环境，形成中国网格的雏形。后续通过"中国国家网格""中国空间信息网格""高效能计算机和网格服务环境"等国家863项目、"中国网格"等教育部项目、"中国科学网格"等国家基金委项目不断扩展。中国国家网格由863计划"高性能计算机及其核心软件"支持，一期建设周期从2002年至2005年，二期建设周期从2006年至2010年12月底。中国教育科研网格由教育部"十五"211工程的公共服务体系建设重大专项提供支持。

第三个阶段是国家网格与国家超算中心融合阶段。《"十三五"国家科技

算力技术基建：新基建的重要组成部分

贰

创新规划》提出"研发一批关键领域/行业的高性能计算应用软件，建立若干高性能计算应用软件中心，构建高性能计算应用生态环境。建立具有世界一流资源能力和服务水平的国家高性能计算环境，促进我国计算服务业发展"。2016年启动的国家重点研发计划"高性能计算"目标之一是建立具有世界一流资源能力和服务水平的国家高性能计算环境，促进我国计算服务业发展。

3.3 发展模式小结

计算已经成为继理论、实验后的第三种科技创新范式。超算基础设施既是科技创新的引擎，也是大科学、大工程和新产业的基础，超级计算有广阔的应用前景。在国际超算竞争格局日益激烈，超算应用领域不断拓宽的情况下，市场规模不断增大，但超算的投入也非常大，远远超出企业或者地方政府的财政支撑能力。为此采用"中央政府+地方政府"联合投资模式，保证了超算研制的持续性投入，保证超算基础设施的建设，为当地经济转型提供支持。这种联合投资模式，可以推广到其他大型科学设施建设中。

4 面向全面发展，高度重视应用和市场双翼作用

超级计算机和基础设施是超算主体，超算应用和超算市场是超算的双翼。超算应用取得成功是超算领域可持续发展的基石，超算市场取得成功是超算技术研究、应用和市场全面发展，形成正反馈必不可少的环节。

4.1 超算应用蒸蒸日上，推动超算良性发展

通过近十年的发展，我国超算应用取得长足进步，特别是国家超算中心的发展，为我国超算注入了新动力。各个超算中心都取得了丰硕的应用成果。

广州超算中心通过国家自然科学基金-广东联合基金超级计算科学应用研究专项等，支持着大气海洋环境、天文地球物理、新能源、新材料、大型工程仿真、生物医药健康、智慧城市与云计算等七大应用领域。例

如中国科学院上海天文台在"天河二号"上成功部署了全世界最大的天文望远镜SKA数据流管理系统，完成了1000计算节点的大规模集成测试，检验了软件系统的稳定性和可扩展性。

国家超级计算天津中心累计支持国家科技重大专项、国家重点研发计划等重大项目超过1600项，涉及经费超过20亿元，取得国家级、省部级奖励成果以及发表在Nature、Science的成果超过2000项。构建了石油勘探、新材料、基因健康、工业设计与仿真、建筑与智慧城市等10余个专业化平台，聚集行业企业超过3000家。为近200家规模以上企业提供了高质量创新服务，节省研发投入数亿元。"天河一号"实现了"算天""算地""算人"。"算天"是指支持气象预报、宇宙和天文研究、国产大飞机研发设计、运载火箭设计等；"算地"是指支持石油和天然气勘探、地下油藏分析、地下矿产勘探等；"算人"是指支持人类基因科学和工程、新药研究等。例如完成"国产C919大飞机全工况全尺寸数值气动模拟""神舟飞船全尺寸跨流域回收控制模拟"等；为国家重大海洋装备、高铁和汽车研发设计和重型装备设计提供研发支撑等。

国家超算长沙中心、深圳中心、济南中心、无锡中心，以及我国最早的地方政府持续支持的上海超算中心等，都在应用领域取得了重要进展，极大地促进了国家的大科学、大工程和科技创新发展。

虽然超算应用取得了长足进步，也取得了几十万核乃至百万核的并行算法与软件的重点突破，但是几万核以内的应用依然占多数，有专家认为我国超算应用软件仍处于初级阶段，需要进一步加强。

4.2 超算企业走出国门，开始进入国际市场

企业是市场的主体力量，即使是超算这种高技术产业，要取得市场成功、要取得产业成功，还得依靠企业。企业通过参与国家超算研制计划，完成技术研究和技术创新，同时也在参与过程中获得技术溢出的好处。政府经费的投入也弥补了企业研发经费的不足。经过近20年

算力技术基建：新基建的重要组成部分

的奋斗，中国的企业在超算领域取得骄人业绩。

2000年前，中国超算市场基本上被国外所垄断。图2是2002年至2009年，中国TOP100的计算机厂家情况，可以看出，一直到2009年，我国大多数超算系统都是国外进口的，服务器市场也基本上被国外品牌所垄断。

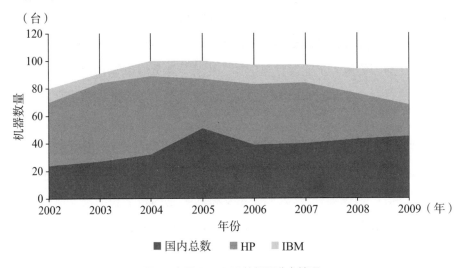

图2　中国TOP100的机器分布情况

注：2002年时，中国TOP100只有50台机器，为了便于对比，笔者将各厂家数据做了翻倍的处理。

中国制造的高性能计算机在运行速度上一度超越美国，中国目前的机器总量超过美国，并不意味中国超算技术整体能力超过美国。在国防科技大学在TOP500排名第一时，国防科大专家指出，尽管"天河"系列性能做到世界第一，但是有三个没变：一是西方国家在信息技术领域的巨大优势地位没有变；二是美国在超级计算机的研制和应用上的主导地位没有变；三是世界各国在超级计算机领域加大竞争的态势没有变。

事实也验证了上述判断。国际TOP50机器安装台数和制造台数如图3、图4所示。从图3和图4中可以看出，就国际TOP50（指TOP500的前50名）的中国、美国安装机器台数比较，无论是装机台数，还是制造台数，美国仍然遥遥领先。截至2020年6月，TOP50内中国安装台数和制造台数没有达到20%。与美国相比，相去甚远。即使与欧洲相比，中国的安装机器台数也有一定距离。

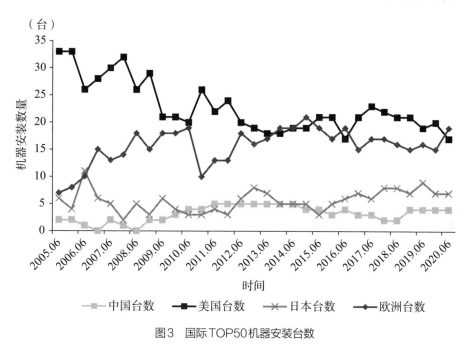

图3 国际TOP50机器安装台数

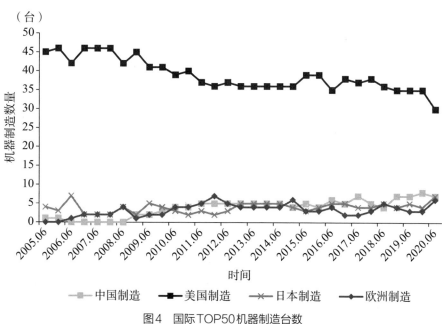

图4 国际TOP50机器制造台数

国际TOP10中部分地区机器安装台数和制造台数如图5、图6所示。更为严格地，如果仅考虑最先进的10台设备，从图5和图6的TOP10（指TOP500的前10名）部分地区数量来看，无论是安装台数还是制造台数，美国都独占鳌头。

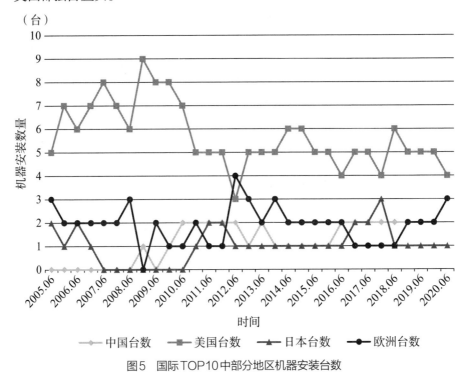

图5　国际TOP10中部分地区机器安装台数

如果将TOP10、TOP50、TOP500的占比份额，分别按0.4、0.35和0.25进行加权处理。因为从超算领域重要性看，安装台数体现应用需求和水平，研制台数体现研制能力和制造能力，都很重要。为此将安装台数和研制台数的重要性同等看待，从而得到图7结果。可以看出，美国综合水平依然远远超过中国、欧洲和日本。欧洲在过去十多年里，超算技术与应用综合发展十分稳定。

2002年6月日本研制的"地球模拟器"首次达到TOP500第一，持续5次，达两年半，出现一个高点。从2011年6月开始至2016年6月中国、欧洲、日本的综合水平相近。中国从2016年后综合水平超过日本和欧洲。

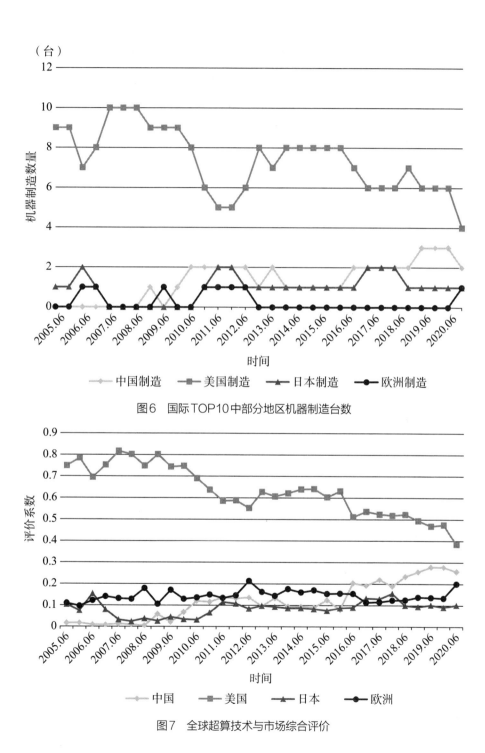

图6　国际TOP10中部分地区机器制造台数

图7　全球超算技术与市场综合评价

算力技术基建：新基建的重要组成部分

中国整体超算实力在世界上取得了跨越式的发展，中国超级计算机在本土市场也有亮眼表现。图8是中国TOP100的情况。2010年，国内制造机器数与国外制造机器数分别是49台和51台；2014年之后，国产超算系统占比超过80%；2019年达到100%。

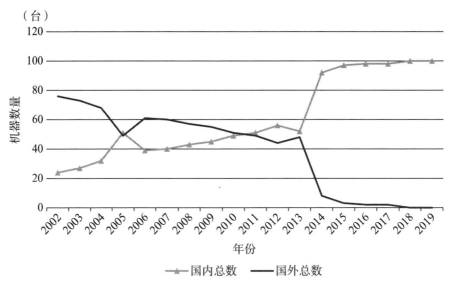

图8　中国TOP100机器的国内外数量对比

中国TOP100中主要公司的系统个数如表1所示。从品牌上来看，由表1可以看到，2002年之前，TOP100主要是国外的HP、IBM为主，后期就是中国的联想、曙光和浪潮为主。中科曙光在1998年完成863项目——"曙光2000"可扩展机群体系结构的超级服务器，2001年完成863项目——"曙光3000"超级服务器后，从2005年开始，市场竞争开始有突出表现。而浪潮在2012年完成"863"计划容错服务器项目后，2014年开始有明显起色。

表1　中国TOP100中主要公司的系统个数

系统个数								
时间	联想	曙光	浪潮	华为	国防科大	国家并行机研究中心	HP	IBM
2002年	2	2	0	0	0	3	46	10
2003年	9	0	2	0	0	7	57	7
2004年	19	1	3	0	0	5	57	11
2005年	11	25	5	0	0	2	36	13
2006年	6	25	0	0	0	1	44	14
2007年	4	29	3	0	0	0	44	13
2008年	5	26	3	0	0	2	33	18
2009年	3	27	6	0	1	3	23	26
2010年	3	34	5	0	1	3	19	28
2011年	1	35	7	0	2	5	13	35
2012年	1	36	12	0	3	3	11	33
2013年	1	35	7	0	4	4	13	35
2014年	32	32	21	1	4	1	5	3
2015年	34	34	23	0	4	1	1	2
2016年	34	34	19	5	4	2	2	0
2017年	29	30	29	6	3	1	2	0
2018年	40	40	12	2	4	2	0	0
2019年	39	39	14	2	4	2	0	0

4.3　发展模式小结

技术创新是破除市场进入障碍和寡头垄断，实现市场突破的重要途径。中国经济的高速发展，带来了很多市场需求，要将市场需求转化为国内企业的技术机会和市场机会，需要破除国外企业在超算市场上的寡头垄断，具体而言，需要克服技术壁垒、用户信心障碍、规模经济障碍等。

中国超算技术的发展为企业在市场上发挥主体作用提供了可能。旺盛的超算需求、向上的用户信心和日益成熟的高性能计算机技术，极大地促进了中国高性能计算机的发展。信息化市场带来技术机会，恰好与我国超算技术的突破形成了耦合。国防科大、中科院计算所、江南计算所三个科研院所，曙光、联想、浪潮三个主要企业，以及后来的华为、新华三、比特大陆等，使得中国超算出现集群创新的格局。中国高性能计算机产业氛围越来越浓，技术上不断给用户增强信心，用户基数不断增加，使得中国超算市场逐步突破并取得良好发展。

5　全球超算发展新趋势及建议

5.1　发展新趋势

很长一段时间里，一国的算力集中体现于超级计算机。当前，算力供求总量和复杂程度快速上升，智能计算、云计算等形式快速发展，与超级计算机形成合力。尽管如此，超算性能仍然是一国科技竞争力的关键体现。2020年以来，包含超算中心在内的算力在规模、竞争格局和发展模式等方面呈现三大特征。

一是全球超算TOP500性能再上新台阶。2022年6月，美国能源部橡树岭实验室的Frontier成为榜单中首个每秒运算超过百亿亿次的系统。全球超算TOP500加总的性能由2020年6月每秒2.2百亿亿次，增长至2023年11月的7.0百亿亿次。

二是超算TOP500榜单上中国的竞争优势缩减。比较2020年6月和2023年11月，从超算TOP500榜单境内安装的机器数量、境内机器性能占比、企业（按注册地）生产的机器数量、企业生产的机器性能占比等维度观察，均呈现美国和欧洲上升，中国下降的趋势。中国企业市场占有率的下降幅度略低于中国境内机器占比下降幅度。

表2　全球超算TOP500榜单中美日三国竞争优势对比

（2020年6月和2023年11月）

	境内台数占比		境内性能占比		企业台数占比		企业性能占比	
	2020.06	2023.11	2020.06	2023.11	2020.06	2023.11	2020.06	2023.11
中国内地	45%	21%	26%	6%	65%	44%	35%	12%
美国	23%	32%	28%	53%	24%	37%	37%	66%
日本	6%	6%	24%	10%	10%	15%	27%	19%

三是大型企业在算力需求创造和供给实现中作用日益凸显。在超算发展的过程中，各国政府项目需求和资金发挥了关键作用。目前在需求侧，算力市场需求爆发式增长，以ChatGPT为例，训练GPT–3需要3.6EFlops的系统运行一整天。在供给侧，大型科技公司积极参与云计算等开发建设，IDC数据显示，2022年下半年中国公有云（IaaS+PaaS）市场前五强合计占比达到73%。

5.2　建议

中国超算在政府长期、强力支持下，逐步形成了若干超算研制国家队，通过团队间的有序竞争，克服了重重困难，走过技术"跟跑""并跑"，实现部分"领跑"。当前，全球算力需求爆发式增长，包括超算在内，算力对一国经济社会发展的重要性进一步凸显，迫切需要进一步加大创新投入，以技术和体制机制创新激活各类主体潜力。

一是持续加大对超算等前沿技术发展的支持和投入。经过长期不懈努力，我国在全球超算竞争中已经形成一定比较优势和创新能力。复杂科学工程的研究需要团队长期、大量的智力投入，需要经验和创造力的有机结合，在算力对经济社会发展重要性日益凸显的当下，持续大力支

貳

算力技术基建：新基建的重要组成部分

持超算发展，有利于我国科技创新实力的持续提升。

二是探索创新覆盖研发应用管理全过程的合作机制。在当前国家层面战略统筹，地方自愿参与的基础上，进一步探索优化包含各级政府、研究机构和企业的共研共建共享模式，健全社会主义市场经济条件下新型举国体制，积极引导和发挥各类主体的积极性和创造性。在芯片设计环境、大型工具软件、领域应用软件等长期"短板"领域，完善需求牵引人才、资金等要素投入的机制。

三是加强超算和人工智能、智能计算等领域的融合研究。面对算力需求数量爆发式增长、复杂度上升的客观情况，一方面要加强基础研究投入，在体系结构、网络结构和应用模式等方面孵化创新型解决方案。另一方面要加强现有技术框架下，不同解决方案间的融合创新，以适应不同场景、领域的应用需求。

《国防科技大学学报》2021年第3期

边缘计算：应用、现状及挑战

丁春涛　曹建农　杨　磊　王尚广

通过对边缘计算概念、典型应用场景、研究现状及关键技术等系统性的介绍，本文认为边缘计算的发展还处在初级阶段，在实际的应用中还存在很多问题需要解决研究，包括优化边缘计算性能、安全性、互操作性以及智能边缘操作管理服务。

思科在2016—2021年的全球云指数中指出：接入互联网的设备数量将从2016年的171亿台增加到271亿台。每天产生的数据量也在激增，全球的设备产生的数据量从2016年的218 ZB增长到2021年的847 ZB。传统的云计算模型是将所有数据通过网络上传至云计算中心，利用云计算中心的超强计算能力来集中解决应用的计算需求问题。然而，云计算的集中处理模式在万物互联的背景下面临三点问题。

万物互联实时性需求。万物互联环境下，随着边缘设备数量的增加，

丁春涛系北京邮电大学网络技术研究院在读博士研究生；曹建农系香港理工大学教授、博士生导师；杨磊系华南理工大学副教授；王尚广系北京邮电大学教授、博士生导师。

这些设备产生的数据量也在激增，导致网络带宽逐渐成了云计算的一个瓶颈。例如有学者指出：波音787每秒产生的数据量超过5GB，但飞机与卫星之间的带宽不足以支持实时数据传输。

数据安全与隐私。随着智能家居的普及，许多家庭在屋内安装网络摄像头，直接将摄像头收集的视频数据上传至云计算中心会增加泄露用户隐私数据的风险。

能耗较大。随着在云服务器运行的用户应用程序越来越多，未来大规模数据中心对能耗的需求将难以满足。现有的关于云计算中心的能耗研究主要集中在如何提高能耗使用效率方面[1]。然而，仅提高能耗使用效率，仍不能解决数据中心巨大的能耗问题，这在万物互联环境下将更加突出。

针对于此，万物互联应用需求的发展催生了边缘计算模型。边缘计算模型是指在网络边缘执行计算的一种新型计算模型。边缘计算模型中边缘设备具有执行计算和数据分析的处理能力，将原有云计算模型执行的部分或全部计算任务迁移到网络边缘设备上，降低云服务器的计算负载，减缓网络带宽的压力，提高万物互联时代数据的处理效率。边缘计算并不是为了取代云，而是对云的补充，为移动计算、物联网等相关技术提供一个更好的计算平台。

边缘计算模型成为新兴万物互联应用的支撑平台，目前已是大势所趋。本文中，我们从概念、关键技术、典型应用、现状趋势和挑战等几个方面对边缘计算的模型展开详细介绍，旨在为边缘计算研究者提供参考。

---

[1] GAO Y Q, GUAN H B, QI Z W, et al. Service Level Agreement Based Energy-Efficient Resource Man agreement in Cloud Data Centers[J]. Computers & Electrical Engineering, 2014, 40（5）：1621-1633.

1 边缘计算的概念

对于边缘计算，不同的组织给出了不同的定义。美国韦恩州立大学计算机科学系的施巍松等人对边缘计算进行了定义："边缘计算是指在网络边缘执行计算的一种新型计算模式，边缘计算中边缘的下行数据表示云服务，上行数据表示万物互联服务。"[1]边缘计算产业联盟也针对边缘计算进行了定义："边缘计算是在靠近物或数据源头的网络边缘侧，融合网络、计算、存储、应用核心能力的开发平台，就近提供边缘智能服务，满足行业数字在敏捷连接、实时业务、数据优化、应用智能、安全与隐私保护等方面的关键需求。"

因此，边缘计算是一种新型计算模式，通过在靠近物或数据源头的网络边缘侧，为应用提供融合计算、存储和网络等资源。同时，边缘计算也是一种使能技术，通过在网络边缘侧提供这些资源，满足行业在敏捷连接、实时业务、数据优化、应用智能、安全与隐私保护等方面的关键需求。

1.1 边缘计算的体系架构

边缘计算通过在终端设备和云之间引入边缘设备，将云服务扩展到网络边缘。边缘计算架构包括终端层、边缘层和云层。图1展示了边缘计算的体系架构。接下来我们简要介绍边缘计算体系架构中每层的组成和功能。

终端层。终端层是最接近终端用户的层，它由各种物联网设备组成，例如传感器、智能手机、智能车辆、智能卡、读卡器等。为了延长终端设备提供服务的时间，则应该避免在终端设备上运行复杂的计算任务。因此，终端设备只负责收集原始数据，并上传至上层进行计算和存储。终端层连

---

[1] 施巍松，张星洲，王一帆等.边缘计算：现状与展望[J].计算机研究与发展，2019，56（1）：69-89.

接上一层主要通过蜂窝网络。

边缘层。边缘层位于网络的边缘，由大量的边缘节点组成，通常包括路由器、网关、交换机、接入点、基站、特定边缘服务器等。这些边缘节点广泛分布在终端设备和云层之间，例如咖啡馆、购物中心、公交总站、街道、公园等。它们能够对终端设备上传的数据进行计算和存储。这些边缘节点距离用户距离较近，可以满足用户的实时性要求。边缘节点也可以对收集的数据进行预处理，再把预处理的数据上传至云端，从而减少核心网络的传输流量。边缘层连接上层主要通过因特网。

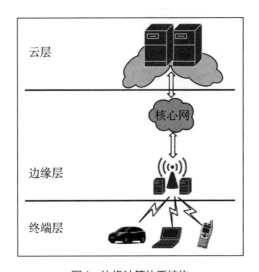

图1　边缘计算体系结构

云层。云层由多个高性能服务器和存储设备组成，它具有强大的计算和存储功能，可以执行复杂的计算任务。云模块通过控制策略可以有效地管理和调度边缘节点和云计算中心，为用户提供更好的服务。

1.2　边缘计算的范例

与边缘计算类似的范例，如雾计算、移动边缘计算等，虽然与边缘计算不尽相同，但它们在动机、节点设备、节点位置等方面与边缘计算范例

100

类似。协同边缘计算[1]是一种新的计算范例，它使用边缘设备和路由器的网状网络来实现网络内的分布式决策。决策是在网络内部通过在边缘设备之间共享数据和计算来完成的，而不是将所有数据发送到集中式服务器。这与通常执行集中计算的现有计算范例不同，并且诸如网关的边缘设备仅用于收集数据并将数据发送到服务器以进行处理。边缘计算与协同边缘计算的对比如表1所示。

表1　边缘计算与协同边缘计算比较

	边缘计算	协同边缘计算
动机	支持物联网应用程序的移动性、位置感知和低延迟	允许多个服务提供商合作和共享数据
节点设备	路由器、交换机、网关	基站的服务器
节点位置	从终端设备到云	基站
软件架构	基于移动协调器	基于移动协调器
情境感知	中	高
邻近跳数	一跳或多跳	一跳
访问机制	蓝牙、Wi-Fi、移动网络	移动网络
节点之间通信	支持	支持

1.3　边缘计算的优势

边缘计算模型将原有云计算中心的部分或全部计算任务迁移到数据源附近，相比于传统的云计算模型，边缘计算模型具有实时数据处理和分析、安全性高、隐私保护、可扩展性强、位置感知以及低流量的优势。

实时数据处理和分析。将原有云计算中心的计算任务部分或全部迁移

---

[1] SAHNI Y, CAO J N, ZHANG S G, et al. Edge Mesh: A New Paradigm to Enable Distributed Intelligence in Internet of Things[J]. IEEE Access, 2017, (5): 16441-16458.

贰

算力技术基建：新基建的重要组成部分

到网络边缘，在边缘设备处理数据，而不是在外部数据中心或云端进行，从而提高了数据传输性能，保证了处理的实时性，同时也降低了云计算中心的计算负载。

安全性高。传统的云计算模型是集中式的，这使得它容易受到分布式拒绝服务供给和断电的影响。边缘计算模型在边缘设备和云计算中心之间分配处理、存储和应用，使得其安全性提高。边缘计算模型同时也降低了发生单点故障的可能性。

保护隐私数据，提升数据安全性。边缘计算模型是在本地设备上处理更多数据而不是将其上传至云计算中心，因此边缘计算还可以减少实际存在风险的数据量。即使设备受到攻击，它也只会包含本地收集的数据，而不是受损的云计算中心。

可扩展性。边缘计算提供了更便宜的可扩展性路径，允许公司通过物联网设备和边缘数据中心的组合来扩展其计算能力。使用具有处理能力的物联网设备还可以降低扩展成本，因此添加的新设备都不会对网络产生大量带宽需求。

位置感知。边缘分布式设备利用低级信令进行信息共享。边缘计算模型从本地接入网络内的边缘设备接收信息以发现设备的位置。例如导航，终端设备可以根据自己的实时位置把相关位置信息和数据交给边缘节点来进行处理，边缘节点基于现有的数据进行判断和决策。

低流量。本地设备收集的数据可以进行本地计算分析，或者在本地设备上进行数据的预处理，不必把本地设备收集的所有数据上传至云计算中心，从而可以减少进入核心网的流量。

2 边缘计算的典型应用

边缘计算在很多应用场景下都取得了很好的效果。本节中，我们将介绍基于边缘计算框架设计的几个新兴应用场景，部分场景在欧洲电信标准化协会（ETSI）白皮书中进行了讨论，如视频分析和移动大数据。还有一些综述论文[1][2]介绍了车辆互联、医疗保健、智能建筑控制等与边缘计算结合的场景。

医疗保健。边缘计算可以辅助医疗保健，例如可以针对患有中风的患者辅助医疗保健。研究人员最近提出了一种名为U-fall的智能医疗基础设施，它通过边缘计算技术来利用智能手机[3]。在边缘计算的辅助下，U-fall借助智能设备传感器实时感应运动检测。边缘计算还可以帮助健康顾问协助他们的病人，而不受其地理位置的影响。边缘计算使智能手机能够从智能传感器收集患者的生理信息，并将其发送到云服务器以进行存储、数据同步以及共享。

视频分析。在万物联网时代，用于监测控制的摄像机无处不在，传统的终端设备——云服务器架构可能无法传输来自数百万台终端设备的视频。在这种情况下，边缘计算可以辅助基于视频分析的应用。在边缘计算辅助下，大量的视频不用再全部上传至云服务器，而是在靠近终端设备的边缘服务器中进行数据分析，只把边缘服务器不能处理的小部分数据上传至云计算中心即可。

车辆互联。互联网接入为车辆提供便利，使其能够与道路上的其他车辆连接。如果把车辆收集的数据全部上传至云端处理会造成互联网负载过大，导致传输延迟，因此，需要边缘设备其本身具有处理视频、音频、信号等数据的能力。边缘计算可以为这一需要提供相应的架构、服务、支持能力，缩短端到端延迟，使数据更快地被处理，避免信号处理不及时而造

[1] ABBAS N, ZHANG Y, TAHERKORDI A, et al. Mobile Edge Computing: A Survey[J]. IEEE Internet of Things Journal, 2018, 5 (1): 450–465.

[2] 施巍松, 孙辉, 曹杰等. 边缘计算: 万物互联时代新型计算模型[J]. 计算机研究与发展, 2017, 54 (5): 907–924.

[3] CAO Y, CHEN S Q, HOU P, et al. FAST: A Fog Computing Assisted Distributed Analytics System to Monitor Fall for Stroke Mitigation[C]//2015 IEEE International Conference on Networking, Architecture and Storage (NAS).USA: IEEE, 2015: 2–11.

成车祸等事故。一辆车可以与其他接近的车辆通信，并向其告知任何预期的风险或交通拥堵。

移动大数据分析。无处不在的移动终端设备可以收集大量的数据，大数据对业务至关重要，因为它可以提取可能有益于不同业务部门的分析和有用信息。大数据分析是从原始数据中提取有意义的信息的过程。在移动设备附近实施部署边缘服务器可以通过网络高带宽和低延迟的优势提升大数据分析的效率。例如，首先在附近的边缘服务器中收集和分析大数据，然后可以将大数据分析的结果传递到核心网络以进一步处理，从而减轻核心网络的压力。

智能建筑控制。智能建筑控制系统由部署在建筑物不同部分的无线传感器组成。传感器负责监测和控制建筑环境，例如温度、气体水平或湿度。在智能建筑环境中，部署边缘计算环境的建筑可以通过传感器共享信息并对任何异常情况做出反应。这些传感器可以根据其他无线节点接收的集体信息来维持建筑气氛。

海洋监测控制。科学家正在研究如何应对任何海洋灾难性事件，并提前了解气候变化。这可以帮助人们快速采取应对措施，从而减轻灾难性事件造成的严重后果。部署在海洋中某些位置的传感器大量传输数据，这需要大量的计算资源和存储资源。而利用传统的云计算中心来处理接收到的大量数据可能会导致预测传输的延迟。在这种情况下，边缘计算可以发挥重要作用，在靠近数据源的地方就近处理，从而防止数据丢失或传感器数据传输延迟。

智能家居。随着物联网技术的发展，智能家居系统得到进一步发展，其利用大量的物联网设备实时监测控制家庭内部状态，接收外部控制命令并最终完成对家居环境的调控，以提升家居安全性、便利性、舒适性。由于家庭数据的隐私性，用户并不总是愿意将数据上传至云端进行处理，尤其是一些家庭内部视频数据。而边缘计算可以将家庭数据处理推送至家庭内部网关，减少家庭数据的外流，降低数据外泄的可能性，提升系统的隐私性。

　　智慧城市。预测显示：一个百万人口的城市每天将可能会产生200 PB的数据[1]。因此，应用边缘计算模型，将数据在网络边缘处理是一个很好的解决方案。例如，在城市路面检测中，在道路两侧路灯上安装传感器收集城市路面信息，检测空气质量、光照强度、噪声水平等环境数据，当路灯发生故障时能够即时反馈给维护人员，同时辅助健康急救和公共安全领域。

3　边缘计算现状和关键技术

　　目前，边缘计算的发展仍然处于初期阶段。随着越来越多的设备联网，边缘计算得到了来自工业界和学术界的广泛重视和一致认可。本节中，笔者将主要从工业界和学术界的角度介绍边缘计算的现状。

3.1　工业界

　　在工业界中，亚马逊、谷歌和微软等云巨头正在成为边缘计算领域的领先者。亚马逊的AWS Greengrass服务进军边缘计算领域，走在了行业的前面。AWS Greengrass将AWS扩展到设备上，这样本地生成的数据就可以在本地设备上处理。微软在这一领域也有大动作，其计划未来4年在物联网领域投入50亿美元，其中包括边缘计算项目。谷歌宣布了2款新产品，意在帮助改善边缘联网设备的开发。它们分别是硬件芯片Edge TPU和软件堆栈Cloud IoT Edge。涉足边缘计算领域的并不只是这三大云巨头。2015年，思科、ARM、英特尔、微软、普林斯顿大学联合成立了开放雾计算（OpenFog）联盟；2016年11月30日，产学研结合的边缘计

------

[1]　Cisco Visual Networking. Cisco Global Cloud Index：Forecast and Methodology 2015–2020, CISCO White Paper[R].2015.

算产业合作平台在北京正式成立，推动运行技术（OT）和信息与通信技术（ICT）产业开放协作，引领边缘计算产业蓬勃发展，深化行业数字化转型。

3.2 学术界

学术界也展开了关于边缘计算的研究，由电气和电子工程师协会（IEEE）和国际计算机协会（ACM）联合举办的边缘计算研讨会（SEC）、IEEE国际分布式计算系统会议（ICDCS）、国际计算机通信会议（INFOCOM）等重大国际会议都开始增加边缘计算的分会和专题研讨会。这些会议涉及一些主要关键技术及研究热点。

第一是计算卸载。计算卸载是指终端设备将部分或全部计算任务卸载到资源丰富的边缘服务器，以解决终端设备在资源存储、计算性能以及能效等方面存在的不足。计算卸载的主要技术是卸载决策。卸载决策主要解决的是移动终端如何卸载计算任务、卸载多少以及卸载什么的问题。根据卸载决策的优化目标将计算卸载分为以降低时延为目标、以降低能量消耗为目标以及以权衡能耗和时延为目标的3种类型。

第二是移动性管理。边缘计算依靠资源在地理上广泛分布的特点来支持应用的移动性，一个边缘计算节点只服务周围的用户。云计算模式对应用移动性的支持则是服务器位置固定，数据通过网络传输到服务器，所以在边缘计算中应用的移动管理是一种新模式。这其中主要涉及两个问题：一个是资源发现，即用户在移动的过程中需要快速发现周围可以利用的资源，并选择最合适的资源。边缘计算的资源发现需要适应异构的资源环境，还需要保证资源发现的速度，才能使应用不间断地为用户提供服务。另一个问题是资源切换，即当用户移动时，移动应用使用的计算资源可能会在多个设备间切换。资源切换要将服务程序的运行现场迁移，保证服务连续性是边缘计算研究的一个重点。一些应用程序期望在用户位置改变之后继续为用户提供服务。边缘计算资源的异构性与网络的多样性特点，需要迁移过程自适应设备计算能力与网络带宽的变化。有学者[1]通过选择性地将虚拟机迁移到最佳位置来优化迁移增益和迁移成本间的权衡。

除了以上两个关键技术，边缘计算研究热点还包括网络控制、内容缓存、内容自适应、数据聚合以及安全卸载等问题。在网络控制方面，有学者[2]提出了一种有效的工作负载切片方案，用户使用软件定义网络处理多边缘云环境中的数据密集型应用程序。在内容缓存方面，有学者[3]提出了一种用于自动驾驶服务的两级边缘计算框架，以便充分利用无线边缘的智能来协调内容传输。在内容适应方面，有学者[4]介绍了一种用于在多用户移动网络中优化基于HTTP的多媒体传送的新颖架构。在数据聚合方面，有学者[5]提出了混合整数规划公式和算法，用于物联网边缘网络中传感器测量数据的能量最优路由和多宿聚合问题，以及联合聚合和传播。在安全卸载方面，有学者[6]提出了一种名为MECPASS的新型协作DoS防御架构，以减轻来自移动设备的攻击流量。

[1] SUN X, ANSARI N. PRIMAL: PRofIt Maximization Avatar Placement for Mobile Edge Computing[C]//2016 IEEE International Conference on Communications（ICC）. Malaysia: IEEE, 2016: 1-6.

[2] AUJLA G S, KUMAR N, ZOMAYA A Y, et al. Optimal Decision Making for Big Data Processing at Edge-Cloud Environment: An SDN Perspective [J]. IEEE Transactions on Industrial Informatics, 2018, 14（2）: 778-789.

[3] YUAN Q, ZHOU H B, LI J L, et al. Toward Efficient Content Delivery for Automated Driving Services: An Edge Computing Solution [J]. IEEE Network, 2018, 32（1）: 80-86.

[4] FAJARDO J O, TABOADA I, LIBERAL F.Improving Content Delivery Efficiency through Multi-Layer Mobile Edge Adaptation[J]. IEEE Network, 2015, 29（6）: 40-46.

[5] FITZGERALD E, PIORO M, TOMASZEWSKI A. Energy-Optimal Data Aggregation and Dissemination for the Internet of Things[J]. IEEE Internet of Things Journal, 2018, 5（2）: 955-969.

[6] NGUYEN V L, LIN P C, HWANG R H.MECPASS: Distributed Denial of Service Defense Architecture for Mobile Networks[J]. IEEE Network, 2018, 32（1）: 118-124.

贰 算力技术基建：新基建的重要组成部分

4　挑　战

目前边缘计算已经得到了各行各业的广泛重视，并且在很多应用场景下开花结果，但边缘计算的实际应用还存在很多问题[1]需要研究。本文将对其中的几个主要问题进行分析，包括优化边缘计算性能、安全性、互操作性以及智能边缘操作管理服务。

（1）优化边缘计算性能。在边缘计算架构中，不同层次的边缘服务器拥有的计算能力有所不同，负载分配将成为一个重要问题。用户需求、延时、带宽、能耗及成本是决定负载分配策略的关键指标。针对不同工作负载，应设置指标的权重和优先级，以便系统选择最优分配策略。成本分析需要在运行过程中完成、分发负载之间的干扰和资源使用情况等等都对边缘计算架构提出了挑战。

（2）安全性。边缘计算的分布式架构增加了攻击向量的维度，边缘计算客户端越智能，越容易受到恶意软件感染和安全漏洞攻击。在边缘计算架构中，在数据源的附近进行计算是保护隐私和数据安全的一种较合适的方法。但由于网络边缘设备的资源有限，对于有限资源的边缘设备而言，现有数据安全的保护方法并不能完全适用于边缘计算架构。而且，网络边缘高度动态的环境也会使网络更加易受攻击和难以保护。

（3）互操作性。边缘设备之间的互操作性是边缘计算架构能够大规模落地的关键。不同设备商之间需要通过制定相关的标准规范和通用的协作协议，实现异构边缘设备和系统之间的互操作性。

（4）智能边缘操作管理服务。网络边缘设备的服务管理在物联网环境中需要满足识别服务优先级，灵活可扩展和复杂环境下的隔离线。在传感

---

[1]　施巍松，孙辉，曹杰等.边缘计算：万物互联时代新型计算模型[J].计算机研究与发展，2017，54（5）：907–924.

器数据和通信不可靠的情况下，系统如何通过利用多维参考数据源和历史数据记录，提供可靠的服务是目前需要关注的问题。

5 结束语

本文主要从基本概念、应用场景、研究现状和关键技术、存在的挑战方面对边缘计算模型进行了系统性介绍。边缘计算的核心思想是为网络边缘侧提供计算、存储和网络等资源，是一种新的计算架构。边缘计算架构可以满足用户对延迟敏感应用的需求和减少核心网络的负载压力。值得注意的是，单个边缘节点计算和存储资源有限且安全性低于云计算中心，如何实现边缘节点之间的安全、高性能协作和智能管理是目前亟待探索和研究的问题。

《中兴通讯技术》2019年第3期

贰

算力技术基建：新基建的重要组成部分

叁

"算网融合"：
助力产业数字化转型升级

算力网络研究与探索

张宏科　权　伟　刘　康

　　算力网络研究尚处于起步阶段，在架构、标准以及技术方面尚未达成共识。本文通过分析国家与社会各行业的算力需求，并结合算力网络发展现状，分别从总体建设目标、理论体系与架构、关键核心技术3个方面为算力网络研究提出相关建议。笔者认为未来算力网络研究与建设要立足于中国算力基础设施现状，着眼于算力与网络的融合发展趋势，突破关键核心技术，建立算力网络服务平台，促进国家数字经济的发展。

　　在国家数字经济发展战略与"十四五"发展规划的推动下，加快信息网络基础的协同化、服务化、智能化进程，深化国家新型基础设施建设（"新基建"），已成为中国进行大国博弈的重要基础。在"新基建"中，

　　张宏科系中国工程院院士，现任北京交通大学电子信息工程学院教授、博士生导师；权伟系北京交通大学电子信息工程学院教授、博士生导师；刘康系北京交通大学电子信息工程学院在读博士研究生。

叁

『算网融合』：助力产业数字化转型升级

5G、大数据中心以及人工智能等相关技术对新一代信息网络提出了新的大算力、大模型处理等需求。这推动现有网络从基本的信息数据通信向信息数据智能化处理转变。2021年5月，国家发展和改革委员会、中央网信办、工业和信息化部、国家能源局联合印发了《全国一体化大数据中心协同创新体系算力枢纽实施方案》，强调要推动中国数据中心网络算网一体化、智能化的发展。"东数西算"工程同样强调构建以算力和网络为核心的体系、优化全国算力整体布局的重要性。在此背景下，算力网络应运而生。算力网络旨在通过泛在算力与网络的融合，突破数据中心、超算中心、云计算、边缘计算等"孤岛"状态下的计算能力限制，构建算网一体的新型智能、高效、按需的算力服务体系，满足国家与行业急需，促进国家数字经济的发展。

1 算力网络的现状与挑战

算力网络作为中国提出且主导的科研技术，已得到业界的广泛认可。诸多产学研团队包括中国科学院、北京交通大学、中国移动、中国联通、中国电信等，已开展算力网络的研究。各单位基于已有的设备、系统、平台以及应用场景，经过长期的积累已取得诸多成果，例如《中国电信云网运营自智白皮书》《中国移动算力网络白皮书》《中国联通算力网络白皮书》、中国通信学会发布的《算力网络前沿报告》以及算力感知网络概念的提出等。在国际上，互联网研究工作组（IRTF）设立的在网计算研究组（COINRG）致力于算网融合的新型传输架构的研究，互联网工程任务组（IETF）提出分布式方案架构，国际电信联盟（ITU）开展算力网络架构和场景的研究。

目前，算力网络的研究呈现百花齐放的繁荣景象，但相关架构、标准的设计依赖于传统网络技术，尚未形成统一的标准体系。因此，算力网络研究需要明确新需求与新挑战所带来的问题。算力网络中算力主要服务哪些主体？算力如何实现计算？算力依托哪些实体进行计算？这些问题都有待思考。此外，算力网络作为一种新的网络架构，更需要从根本上明确算力网络研究与建设过程中基础理论体系、架构设计、关键核心技术等方面的问题与挑战。

2 算力网络的建设与建议

从算力网络的建设目标与技术发展理念来看，算力网络是通信、计算、存储以及智能化调度的高度融合。算力网络以泛在算力资源为基础，网络通信为纽带，智能化调度为核心，实现网、云、边、端、业务的高效协同与适配，满足行业高差异化算力服务需求。算力网络在实际建设中通常存在两种方向："网中有算"和"算中有网"。"网中有算"是指以网络为中心，算为网用，算力作为基础资源嵌入网中，网络利用算力来提升网络感知、资源调度以及服务功能的编排能力，实现智能高效的网络算力服务。"算中有网"是指以云为中心，网为算用，网络作为连接纽带将离散的数据中心、超算中心等泛在算力进行融合，实现以云为中心的算力资源运营。基于以上分析，面对算力网络的建设需求与挑战，笔者从总体建设目标、理论体系架构、关键核心技术3个方面提出研究建议。

2.1 总体建设目标

算力网络作为中国率先提出的新型网络架构，相关研究应以技术自主可控、功能性能国际领先为目标，实现智能、高效、灵活的算力资源融合调度，满足行业的差异化算力服务需求，为国家算力网络发展与实施提供支撑。具体来讲，在"算中有网"和"网中有算"两个主要研究方向中，网络是不可或缺的一部分，是算力网络的重要基础支撑与纽带。算力作为一种高效的计算资源，可以提高网络的资源管理、传输调度、路由规划等性能。网络可以连接、协同更多算力资源，提升算力的大数据、大模型处

叁

「算网融合」：助力产业数字化转型升级

理效率。"网算"与"算网"相辅相成。因此，算力网络的建设应统一融合算力与网络，同时突破算力与传统网络的技术限制，构建"统一调度、弹性适配"的算力网络平台（如图1所示），实现全国范围内算力的高效协同调度与应用，为中国数字经济打下算力基础。

算力网络平台可分为应用层面、适配层面和网络层面。应用层面利用算力来提升服务质量，建立融合资源池，将超算中心、数据中心等云平台算力进行融合。应用层面的算力服务单元依据资源池进行划分，并实现了统一的调度和弹性分配，满足超算任务、人工智能（AI）任务等分布式与大模型的算力需求。网络层面利用算力来支撑整个网络的融合，强化节点的计算能力以及节点间的主动智能融合与协同能力。适配层面利用算力强化调度方法，实现应用层服务与网络层资源的动态适配调度。此外，算力网络建设需要建立完善的技术标准体系，包括算力建设标准、节点互联标准、数据共享标准、应用结构标准等，为算力网络平台建设与应用提供支撑。

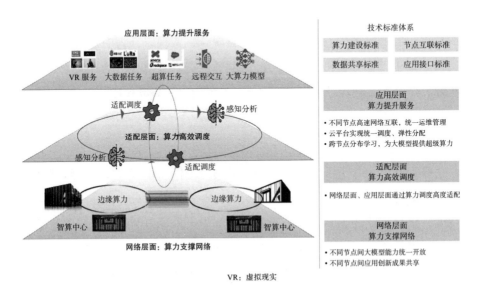

图1 算力网络平台设计与技术标准体系

2.2 理论体系架构

"算中有网"与"网中有算"都表明网络是泛在算力的纽带,是算力网络不可或缺的一部分。然而,当前网络面临架构静态僵化、异构并存、智能受限的状况,行业"高移动、高可靠、高安全、确定性"等差异化服务,成为算力网络建设的新需求与新挑战。此外,新型网络建设正处于谋求网络深度融合、提升网络智慧的新发展趋势中。此趋势与算力网络研究与建设方向不谋而合。因此,算力网络研究不仅要考虑算力,更要关注新型网络,算力与网络不能只是"算中有网"或"网中有算"的分离式协同,而是要实现"算力+网络"的融合突破。目前来看,算力网络研究刚好与新型网络建设相呼应:一方面,网络融合可以更好地实现异质异构、分布不均的泛在算力资源的互联;另一方面,算力可以满足大数据、大模型、AI任务等高性能计算需求,实现应用服务、网络以及基础算力之间更高效、更智能的适配调度。算力网络与新型网络研究相辅相成。针对以上需求与挑战,我们提出"三层三域"算力网络架构(如图2所示)。

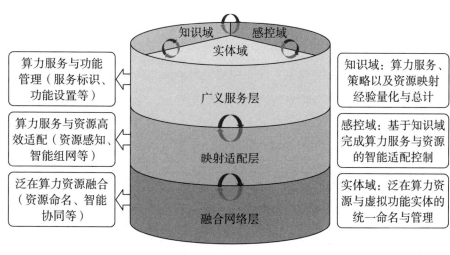

图2 "三层三域"算力网络架构

「算网融合」:助力产业数字化转型升级

在"三层三域"算力网络架构中，"三层"包括广义服务层、映射适配层、融合网络层。广义服务层主要负责服务与功能的标识和描述，具体服务包括：虚拟计算平台、虚拟存储平台、计算容器等虚拟服务以及传输服务功能单元、安全防护服务功能单元等功能服务。映射适配层主要负责服务需求与网络资源的动态适配，通过感知网络状态与服务需求实现服务与算力资源的动态适配。融合网络层主要负责网络与算力资源的协同管理，主要包括卫星网络、数据中心网络、超算中心以及泛在算力单元（计算、存储）、通信设备等。此外，架构在"三层"之间还设计了层间解析映射，以强化层间交互性。广义服务层与映射适配层的解析映射，是将用户的服务需求映射转化为对算力资源的需求。映射适配层与融合网络层的解析映射，是将用户对网络的资源需求映射转化为对实体算力资源的调度，指导算力资源的协同与运行过程。"三层"与层间解析映射的设计既实现了用户与网络的解耦，服务与资源的解耦，又为算力服务与资源的高效适配奠定了基础。

"三域"包括实体域、感控域、知识域。实体域用于格式化描述网络实体组件以及服务功能虚拟实体，实现资源与虚拟服务功能的统一命名；知识域用于服务、策略、网络对象三者的映射经验信息收集与量化，生成拓扑知识库、状态知识库、功能知识库等；感控域对服务功能、执行策略以及网络对象进行数字抽象，以知识域的经验知识为基础，利用算力对服务、执行策略以及网络对象的适配进行动态模拟，生成最优适配策略并指导实体域完成服务。此外，架构在"三域"之间设计域间解析映射，可强化各域之间的交互性：知识域与感控域的解析映射是为了将知识域中各类知识库与感控域中的各类策略进行映射连接，便于在感控域策略生成过程中对知识域中的知识进行提取与借鉴，提高感控域策略的准确性；感控域与实体域的解析映射是为了使感控域高效感知实体域资源状态以及属性变化，便于策略调整以及策略下发，实现对实体域资源的精确调度；知识域与实体域的解析映射是为了将知识域中的各类知识库与实体域资源进行对应，根据实体域中资源的属性变化来调整、更新对应知识库。"三域"与域间解析映射的设计既实现了知识、策略、资源的动态解耦，又为用户服务、网络以及泛在算力资源的智能高效处理提供逻辑支撑。

2.3 关键核心技术

算力网络研究与建设应实现"算力＋网络"的深入融合目标，建立智能、高效、按需的算力服务平台，从而满足用户高差异化算力服务需求。针对当前网络与泛在算力资源异质异构、分布不均、资源跨网调度困难、智能化程度不足等问题，算力网络研究与建设应从多维标识、智能映射、按需组网、协同传输、智能计算、系统安全6个方面进行关键核心技术突破。

多维标识关键技术。算力网络建设集计算、存储、传输资源于一体，关联卫星网络、数据中心、超算中心、云平台等多种网络资源及平台。网络与设备的异质异构，导致算力网络资源调度困难，融合受限。因此，研究需要突破多维标识关键技术，建立算力网络一体化标识体系，实现对泛在算力资源的计算、存储、传输能力以及其他功能属性的统一命名。

智能映射关键技术。算力网络是多种平台、网络以及泛在算力资源的深度融合，但融合后的网络资源数量繁多、服务能力差异大，在进行统一的多维标识后需要实现用户服务需求与网络资源的高效动态适配。因此，研究需要突破智能映射关键技术，设计建立完备的解析映射体系，实现用户与网络、服务与资源的智能、高效映射。

按需组网关键技术。算力网络建设是为了满足国家与社会产业的发展需求。高铁、工业互联网以及智能制造等行业的发展对网络提出"高移动、高可靠、高安全、确定性"的差异化算力需求。因此，算力网络需要突破按需组网关键技术，根据差异化需求进行网络资源的智能高效编排，将融合后的网络资源进行动态组网调度与管理，满足用户服务需求。

协同传输关键技术。当前各平台、网络以及设备存在配置差异大、分布不均衡等问题，面对大规模、大模型的计算需求，算力资源需要进行分布式跨平台协作。因此，研究需要突破协同传输关键技术，根据计算服务需求对算力资源的数量、类型、位置以及互联传输设备进行协同传输管理，保障数据在各算力平台、网络以及资源间的高效交互，为算力服务的计算执行提供高效的传输通信支撑。

智能计算关键技术。算力网络面对高差异化计算服务需求，不仅需要考虑计算、存储、传输资源的选取问题，还要考虑资源费用、节能等问题。因此，研究需要突破智能计算关键技术，根据服务需求、资源配置、资源费用、节能等进行有关资源选取、任务分配、路由规划的综合考虑，提升算力网络计算、存储以及传输的智能性，减少服务资源消耗并保障算力服务的高效性。

系统安全关键技术。多种异质异构网络、资源、平台的互联，使得整体算力网络的安全风险呈指数级增长。因此，研究需要突破系统安全关键技术，在满足算力网络大范围、跨平台、分布式协同计算需求的同时，解决算力网络系统安全防护问题，实现服务与安全的双重保障。

3 结束语

算力网络作为中国率先提出的新型网络架构，是推动信息产业发展、支撑"十四五"发展规划中"网络强国、数字中国"发展战略的重要基础。未来算力网络的研究与建设要立足中国算力基础设施现状，着眼于算力与网络的融合发展趋势，研究探索算力网络基础理论体系，突破关键核心技术，建立算力网络服务平台，满足国家与行业急需，促进国家数字经济的发展。

《中兴通讯技术》2023年第1期

从"算力中心"到"算力网"：算网一体的机遇与挑战

张叶红　董一川　相　洋　王　晖　余　跃

本文以算力的主视角切入，探讨算网一体概念对算力基础设施建设的重要影响，重点分析由"算力"向"算力网"发展过程中所面临的关键技术挑战，并面向该系列挑战提出一套算力网基础功能架构，开展应用案例分析，为"算网融合"的概念演进与技术发展提供参考。

引　言

2019年起，国内三大运营商、华为等设备厂商先后发布了算力网络、算力感知网络、计算优先网络、算网一体等相关概念及白皮书，率先开启了对算网融合、算网一体等概念的探索。笔者认为，"算网融合"概念需要从"以网调算"和"算力成网"两个方向进行探讨，通信行业提出的

张叶红系鹏城实验室助理研究员；董一川系鹏城实验室算法工程师；相洋系鹏城实验室网络智能部云计算所副所长；王晖系鹏城实验室网络智能部云计算所副所长；余跃系AITISA联盟智算中心和智算网络标准工作组联合组长、算力网络推进组组长。

"算力网络"概念通常关注前者，从网络视角切入，重点考虑如何将算力信息和计算能力嵌入网络，通过网络的路由与分发服务实现全网资源的分配调度。然而，若从"算"的视角观察，想要真正将"算力"互联发展为"算力网"，除通过网络信息对算力信息进行调度的技术手段外，还存在异构性兼容、协同效率优化等诸多问题。分散在各地的算力资源真的能协同调度吗？全网算力一体化仍面临着哪些问题？本文从"算"的角度切入，探讨算网融合过程中"算力成网"面临的关键挑战。

1 从"算力中心"到"算力网"

近年来，随着智能计算产业的快速发展以及人们对ChatGPT等模型能力的认知不断提升，各行业对算力的需求迅速攀升，算力逐渐成为数字经济时代的核心驱动力。因此，算力中心作为新型基础设施的重要组成部分，已纳入全国各大城市的重点布局和规划中。然而，当前分散在各地的算力基础设施水平不一、形态各异、发展不均衡，严重制约了各地对算力、数据等资源的高效使用，急需以部署整体化算力基础资源为核心，对算力进行统筹和协调发展，形成效率更高且可广泛支撑新型计算模式的算力服务体系。

"算力互联"并不是一个新的理念，早在21世纪初，国内外便提出了"网格计算"（Grid Computing）的概念，通过将各大超算中心的算力进行聚合，有效支持各类科学研究应用；美国谷歌、微软，国内华为等云厂商，也纷纷提出各自的数据中心互联（Data Center Interconnect，DCI）解决方案，实现企业内部的数字网络平台建设；云际计算（JointCloud Computing）、天空计算（Sky Computing）等概念面向云计算产业，通过云服务间的开放协作，实现多云平台间的高效协作。上述工作大多面向超算、企业内数据中心、云计算等传统算力类型的互联需求开展，对近年来兴起的人工智能算力（以下简称"智算"）互联问题，以及超算、智算、云计算等不同类型算力的互联协作尚未进行深入探讨。

"算力网"在以上概念及技术的基础上进一步拓展，是一种覆盖智算中心、超算中心、数据中心等大型异构算力资源的新型算力基础设施，通过对分布在不同地域的异构算力中心进行高速网络互联，形成一台跨地域部署的"大计算机"，实现多中心间的资源共享、自主协作与统一服务，以提升各算力中心的整体运行效率、系统能效和服务能力，如图1所示。

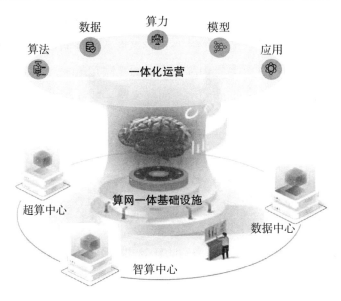

图1 "算力网"概念示意图

2 算力网建设的技术挑战

算力网作为网络和计算融合的重要体现，具有广泛的应用前景和发展潜力，其系统天然的高度异构性与复杂性也使得算力网大规模建设与落地应用面临一系列重要挑战。

2.1 多层次异构性VS细粒度互操作

算力网建设的重要目标之一，是实现各算力中心间从底层计算、存储资源到上层应用、服务的多层级互操作。然而，目前全国各算力中心通常面向各自需求、基于不同架构独立建设，软硬件异构性极高，为算力互联互通与任务广域调度带来了极大挑战。

在算力资源互联互通方面，各算力中心的集群管理平台异构性是其面临的主要问题。如对于计算资源的互联，各平台支持的使用方式不同，平台提供的外部访问接口不统一；对于存储资源的统一管理，存在因为各算力中心数据安全策略不同，导致的访问权限差异，同时也存在不同类型的底层存储（如对象存储、文件存储、API形式开放的存储等）导致的访问接口差异。因此，在实现此类异构算力中心的互联互通时，需要对用户屏蔽各平台底层差异，在各类不同的中心间探索统一的互联方式和标准，实现对异构算力中心资源的统一管理和访问。

在任务统一调度方面，需考虑如何屏蔽各算力中心从底层计算芯片、驱动程序，到上层开发框架、应用软件等多层次的异构性。以人工智能（Artificial Intelligence，AI）场景为例，目前大部分AI技术与模型均基于国外主流硬件（如NVIDIA GPU）及主流计算框架（如PyTorch）设计，缺乏对国产软硬件的有效兼容，导致在算力网的任务调度环节无法有效调动大量的国产算力资源。当前，国内AI硬件（如寒武纪思元、百度昆仑芯、燧原邃思等）和AI计算框架（如PaddlePaddle、MindSpore、OneFlow等）已进入高速发展期，对国产软硬件实现更好的适配和兼容，将有助于进一步解决不同算力中心间异构算力的调度问题。如何真正实现"一次编程，随处运行"，从而支撑异构算力资源的统一服务与自主协作，是算力网建设过程中面临的重要挑战。

2.2 远程通信代价VS跨域协同优化

算力网内的计算、存储资源等广泛分布于不同地理位置，为实现异地资源的协同使用与协同优化，跨地域的远程数据传输不可避免，特别是以"东数西算"、大模型跨域协同训练为代表的算力网业务增长迅速，很多场景数据传输量大且对传输效率要求较高。

如在"东数西算"业务中，其传输数据量可达PB级；超大规模模型跨域分布式训练业务单次数据传输量在10GB级以上，且为确保训练效率，需要的数据交互速率可达100Gb/s级。由此可见，当前基于公网的通用数据传输技术无法满足长距离、高带宽、低时延等算力网业务需求，且当前网络传输方面缺乏基于通信技术来简化网络协议栈的相关研究，尚未针对算力网业务流量特征优化传输控制协议。如何实现高速、极简、算网原生的数据传输，利用新型网络技术提高算力网资源的整体利用率，实现算网一体概念中"网"对"算"的有效支撑，是算力网互联技术需要解决的关键问题之一。

2.3 算力中心自治性VS算力一体化运营

算力网建设的一个重要目标是实现各地算力资源的统一服务和统一运营，从而对算力进行统筹和协调发展，以提高全网算力资源的综合使用效能。然而，现实情况中，由于各算力中心大多独立建设，隶属于不同利益主体，其对自身资源分配、数据访问、业务调度等关键环节具有自主决策与控制需求，且通常使用不同的运营标准与服务体系，很难在现有框架内实现完全中心式的一体化运营。

因此，在算力网的建设过程中，需要在认证授权、互联适配、网络接入、计量计费等多个方面考虑如何使用非侵入式的技术手段规避过于标准化导致的各主体自主权削弱问题，在各中心"自治性"与算力"一体化"之间实现利益均衡。

3 算力网参考架构

针对上述挑战，本文提出一套算力网参考架构。如图2所示，算力网系统主要包括调度适配器、统一数据存储、网络设施与控制、云际管理与调度以及运营平台几大部分，各部分之间通过标准化接口进行对接，各业务系统的具体功能设计如下。

调度适配器：调度适配器在任务与算力中心间增加抽象层，通过低代价、非侵入的方式屏蔽算力中心异构硬件、异构系统等差异，对算力网提交来的任务进行适配转换后提交给算力中心本地管理调度系统；同时，适配器会收集各算力中心的任务状态及运维监控信息并上报算力网调度系统，使得算力网可以通过统一的接口收集各中心及任务状态信息，从而对全网资源进行协同调度优化。为保证算力网长稳运行，调度适配器接口访问的服务水平需满足稳定性、可靠性以及性能要求，并同时满足各算力中心的安全控制逻辑以及安全实施策略。

统一数据存储：为提高计算任务的执行效率，实现"算随数动""数随算动"的调度策略，统一数据存储系统基于算力中心的异构存储资源，构建统一的数据存储系统，为计算任务所需要的大量数据集、模型、算法等数据提供高速访问与共享交换服务。首先，需构建全局统一存储视图，从而使得算力网调度系统可以感知数据集在各个算力中心的存储情况；由于各分中心之间的存储介质采用的子存储系统本身通常是异构的，对外提供的接口可能是华为云对象存储OBS、阿里云对象存储OSS、广泛应用的私有部署对象存储平台MINIO、FTP方式以及自定义存储访问API等，统一存储系统的一项重要功能是对异构存储系统和接口进行适配和统一化，以便在任务调度过程中实现跨中心的数据迁移。

网络设施与控制：在算力网各类资源中，除计算、存储资源高度异构外，实现算力互联的网络基础设施也通常存在异构性（如以太网、全光网等），算力网的网络设施与控制系统通过异构网络融合，支持多元化异构网络类型，实现异构网络资源信息的采集上报；当算力网调度系统确定任务的目标计算节点后，网络控制系统在现有网络协议的基础上，额外考虑算力作业对网络的需求，动态调整算力作业中数据包的路由策略，将算力作业等信息路由至指定节点，并通过QoS等技术，保障网络的时延、带宽等网络性能参数，实现网络系统对算力调度系统的有效支撑与协同优化。

云际管理与调度：该系统负责接入各个算力中心，对算力、网络等资源进行统一管理和协同调度，统一对上层应用提供作业操作等能力，以实现全网资源的高效使用。主要功能模块包括资源管理、作业管理、作业调度等。其中资源管理模块实现各算力中心的算力、网络等资源信息采集、监控、管理；作业管理提供了各类任务作业的管理功能；任务调度模块根据集群负载、数据拓扑、网络状态、能耗等调度因子选择最优算力中心执行作业。

一体化运营：算力网的运营系统实现多个算力中心算力、数据等资源的一体化运营。首先，通过用户统一认证与授权确保不同算力中心的用户可以互相认证并分配全局统一的用户身份；在用户对资源的使用过程中，对各算力中心的资源贡献进行统一的计量和费用结算；同时，通过构建数据市场、模型市场与应用市场，支持算力网用户进行数据、模型、应用服务等资源的发布、订阅、交易及使用，从而真正实现全网资源的开放共享。

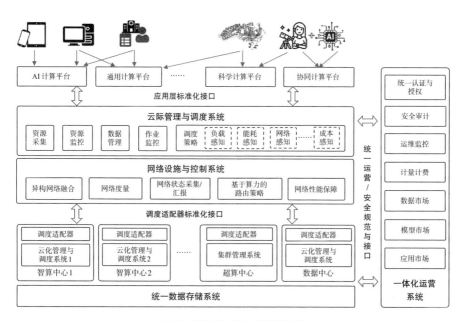

图2　算力网系统功能架构图

4　应用案例分析

"算力网"作为新型强力算力底座，可有效支撑"东数西算"工程和"一带一路"倡议的实施落地。以面向"一带一路"的语言服务场景为例，目前中国已经同152个国家[1]签署共建"一带一路"合作文件，其中共涉及上百种语言。由于语种使用人口、地理分布的不均衡、社会信息化水平的差异以及语料收集渠道的隔离，造成语种数据资源的极度不均衡，或产生性能参差不齐的模型及应用，形成天然的数据和模型"孤岛"。

针对大规模多语言模型及其应用在低资源语料分散、数据开源意愿不强、各语种数据资源极度不均衡等问题，可基于算力网的构建整合"一带一路"沿线国家的计算及数据资源，进行以中文为核心的"一带一路"多语言大模型研究及应用平台建设，联合优势企业单位、科研院所、优势研发平台，在数据、模型不出本地的前提下，通过多方跨域协同计算，突破多语言模型研究及应用关键技术，促进"一带一路"国家语言互通，如图3所示。

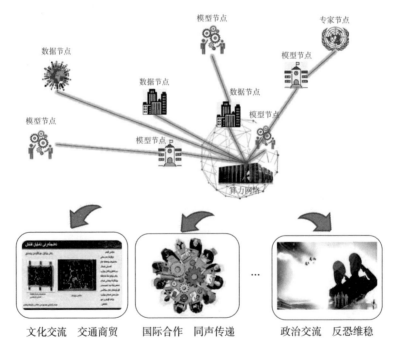

图3　面向"一带一路"倡议的多语言大模型跨域协同计算

---

[1]　截至2023年10月。

5 结 语

随着数字经济建设的不断深入，各行各业的发展越来越依赖于强大的算力底座，将单点算力互联成网，推进算力资源的协同使用已是大势所趋。算力网的建设旨在构建自主创新的技术体系，以建立互联互通、高效协同的一体化算力基础设施为目标，推动实现数字经济时代算力供给模式的变革。算力网在建设过程中依然面临着多层次异构性兼容、远距离通信优化、一体化运营机制建设等关键技术挑战，如何在算网融合的新趋势下，基于网络能力释放算力能力，真正实现互联算力的高效协同，仍需在算力网建设过程中进行深入探索。

《信息通信技术》2023年第3期

叁

「算网融合」：助力产业数字化转型升级

面向算网一体化演进的算力网络技术

段晓东　姚惠娟　付月霞　陆　璐　孙　滔

随着一体化算力网络国家枢纽节点的建设和"东数西算"工程的加快实施，计算和网络的融合走向深水区。面向新兴业务对于网络和计算融合发展的需求，如何协调分布式、多样化算力资源，使得业务应用和网络资源更好满足业务需求成为亟待解决的问题。为了解决计算和网络相互感知、协同、调度问题，本文从算力网络阶段化发展、算力感知技术架构、算力度量与标识、算力路由等多个技术展开探索和研究，并提出算力网络多种部署模式，为算力网络后续技术研究和产业发展提供参考。

段晓东系中国移动通信有限公司研究院副院长；姚惠娟系中国移动通信有限公司研究院基础网络技术研究所研究项目经理；付月霞系中国移动通信集团有限公司研究院基础网络技术项目经理；陆璐系中国移动通信有限公司研究院基础网络技术研究所副所长；孙滔系中国移动通信有限公司研究院首席专家。

一、引言

随着5G的商用规模部署，工业互联网、车联网、虚拟现实（VR）/增强现实（AR）等垂直领域蓬勃发展。Machina Research 报告显示：2025年，全球网联设备总数将超过270亿台，联网设备指数级增长，设备呈现多样性趋势，物联网（Internet of Things，IoT）传感器、摄像机等设备的应用会带来多样化的数据。海量数据的传输、异构数据的分析和存储对传统网络和云计算提出了巨大挑战，使云计算和网络面临"传不畅、算不动、存不下"的局面，驱动计算从云端下移到接近数据源的边缘侧，形成网络中分散的算力资源。Gartner预测：2025年，超过75%的数据需要分流到网络边缘侧，这对网络灵活调度、服务质量（Quality of Service，QoS）等提出了更高的要求。因此，网络在实现分散节点互联的同时，还需要具备网络和算力协同调度的能力，通过最优路径将业务动态地调度到最优的算力节点进行处理。

算力是对数据处理能力及服务的统称，由多种芯片、部件和封装形成的上层服务组成。算力呈现多样性，是云计算、边缘计算、大数据和人工智能等技术的发展基石，是构成信息社会的"心脏"。云计算、边缘计算以及终端芯片工艺制程的发展必然驱动整个社会的算力分配更加分散和泛在化，即用户周围不同距离会散布不同规模的算力。如何高效利用这些算力，保证云边端算力的无缝协同，同时借助网络使数据与算力得到快速连接、处理，使算力像电力、热力一样成为基础资源，用户可以随用随取而不必关心它的产生与位置。为了让用户享受随时随地的算力服务，需要重构网络，形成继水网、电网之后国家新型基础设施，真正把算力变为可流动的生产力资源，为千行百业提供像"自来水"一样的计算服务。

为助力我国数据中心实现差异化、互补化、协同化、规模化发展，从2020年4月到2021年7月，国家连续发布系列政策，"东数西算"新型数据

中心的顶层设计日渐清晰。2020年3月，国家发展和改革委员会、工业和信息化部印发了《关于组织实施2020年新型基础设施建设工程（宽带网络和5G领域）的通知》，同年4月首次对"新基建"的具体含义进行了阐述，提出建设以数据中心、智能计算中心为代表的算力基础设施等，吸引地方积极布局计算产业，这也是"算力基础设施"这一概念在国家层面首次被提出。2021年5月26日，国家发展和改革委员会、中共中央网络安全和信息化委员会办公室、工业和信息化部、国家能源局联合印发了《全国一体化大数据中心协同创新体系算力枢纽实施方案》，明确提出围绕国家重大区域发展策略，建设全国一体化算力网络国家枢纽节点，并在国家枢纽节点之间进一步打通网络传输通道，加快实施"东数西算"工程，提升跨区域算力调度水平，构建国家算力网络体系，标志着算力网络正式纳入国家新型基础设施发展建设体系。同年7月，工业和信息化部发布了《新型数据中心发展三年行动计划（2021—2023年）》，进一步明确了数据中心建设计划，正式启动了"东数西算"工程。

面向计算网络融合的演进需求，业界也开展了许多研究与探索工作，目前具体技术和技术路线不统一，仍需要大量攻关和验证。可以分为具体的算力网络技术和抽象的算力网络方向两类。具体的算力网络技术研究包括算力感知网络、计算优先网络等，是算力和网络深度融合的技术研究方向，目前产业界、学术界及标准领域对算力网络的关注度持续升温。抽象的算力网络方向是把算力网络作为长期演进方向，但是缺乏具体如何演进的考虑和论述。

2020年第八次网络5.0全会上，中国信息通信研究院联合三大运营商、华为、中兴通讯、中国科学院成立了网络5.0创新联盟算力网络特设组，就目前提出的算网融合趋势下不同技术路线展开研究和探索，包括算力网络和算力感知网络等，旨在达成算力网络研究共识，推动产业发展。IMT-2030（6G）推进组也成立了算力网络工作组，研究在6G网络中计算、网络融合对于未来网络架构的影响和关键使能技术。此外，IRTF成立了在网计算研究组（COINRG）。在网计算指网络设备的功能不再是简单转发，而是"转发+计算"，计算服务不再处于网络边缘，而是嵌入网络设备中。该工作组主要面向可编程网络设备内生功能的场景、潜在有益点展开研究，其中内生功能包括在网计算、在网存储、在网管理和在网控制等，是计算、网络更深层次融合的下一发展阶段，也吸引了许多研究人员的关注。

二、算力网络技术探索

（一）算力网络阶段发展

算力网络实现算网共促，有利于信息服务新模式构建。以网强算，借助基础网络系统化优势改变算力单点薄弱现状，有利于国家整体算力布局；以算促网，将算力调度的高需求转化为网络超宽带高智能发展的动力，有利于网络持续领先发展。

算力网络的演进从目前的算网分治、逐步走向算网协同，最终发展为算网一体化。基于目前边缘计算的发展，算力网络将首先实现多个边缘节点算力资源的合理分配和调度，满足用户的业务体验，以及提高资源的利用率。随着云边算力趋向泛在化，网络更加扁平化、灵活化、服务化，算力网络走向算网协同阶段，对业务、算力资源和网络资源协同感知，将业务按需调度到合适的节点，实现算网资源统一编排、统一运维、统一优化，最终实现算网共弹共缩。随着云边端三级算力全泛在、空天地一体网络全互联，网络资源和计算资源将实现全面融合新形态，走向算网一体阶段。算网共进，提供新服务，打造新模式，培育新业态，真正解决算网融合问题，实现在网计算，算网一体共生。算力网络阶段发展路线如图1所示。

网络和计算分离：先通过网络转发，再经由边缘数据中心处理	算网感知协同调度：网络可全面感知应用、计算资源和网络等多维资源，通过算网协同调度将服务调度到合适的位置	网络和计算一体化：网络全面感知算力，网络节点具有内生的算力资源，可以直接为用户提供服务

图1 算力网络阶段发展路线

（二）算力网络技术体系

算力网络需要从架构、协议、度量等方面协同演进，构建面向算网一体化的新型基础网络。在架构层面上看，面对边缘计算、异构计算、人工智能等新业务，未来算网融合架构需要在基础设施即服务（IaaS）资源层编排的基础上，研究向平台即服务（PaaS）、软件即服务（SaaS）、网络即服务（NaaS）等一系列上层算法/函数/能力的编排演进，并协同管理面、控制面和数据面，进一步探索实现编排系统与网络调度系统的协作，实现一切即服务（XaaS）能力按需灵活部署。在协议层面上看，传统网络优化路径仅实现信息在节点之间传输的服务等级协议（Service-Level Agreement，SLA）而并未考虑节点内部算力的负载。未来算网融合的网络需要感知内生算力的资源负载和XaaS性能，并综合考虑网络和算力两个维度的性能指标，从而进行路径和目标服务阶段的联合优化。另外，还需要考虑和数据面可编程技术的结合，如利用SRv6可编程性实现算网信息协同，以实现控制面和数据面的多维度创新。从度量方面看，网络体系的建模已经很成熟，但算力体系还需要综合考虑异构硬件、多样化算法以及业务算力需求，进一步深入研究形成算力的度量衡和建模体系。算力网络需要依托统一的算力度量平衡体系以及能力模板，为算力感知和通告、算力开放应用模型（OAM）和算力运维管理等功能提供标准度量准则。

（三）算力感知技术架构

为了实现泛在计算和服务的感知、互联和协同调度，算力感知架构体系从逻辑功能上可分为算力服务层、算力资源层、算力路由层和网络资源层以及算网管理编排层。

● 算力服务层：承载计算的各类服务及应用，并可以将用户对业务SLA的请求（包括算力请求等）参数传递给算力路由层。

● 算力资源层：利用现有的计算基础设施提供算力资源。计算基础设施包括单核中央处理器（CPU）、多核CPU，以及CPU+图形处理器（GPU）+现场可编程门阵列（FPGA）等多种计算能力的组合。为满足边缘计算领域多样性计算需求，该层能够提供算力模型、算力应用程序编程接口（API）、算网资源标识等功能。

● 算力路由层：是算力感知网络的核心。基于抽象后的算网资源，并综合考虑网络状况和计算资源状况，该层将业务灵活按需调度到不同的计算资源节点中。

● 网络资源层：利用现有的网络基础设施为网络中的各个角落提供无处不在的网络连接，网络基础设施包括接入网、城域网和骨干网。

● 算网管理编排层：完成算力运营、算力服务编排，以及对算力资源和网络资源的管理。该层的具体工作包括对算力资源的感知、度量以及OAM管理等，实现对终端用户的算网运营以及对算力路由层和网络资源层的管理。

其中，算力资源层和网络资源层是算力感知网络的基础设施层，算网管理编排层和算力路由层是实现算力感知功能体系的两大核心功能模块。基于所定义的五大功能模块，此架构实现了对算网资源的感知、控制和调度。

总之，作为计算网络深度融合的新型网络，以无所不在的网络连接为基础，基于高度分布式的计算节点，通过服务的自动化部署、最优路由和负载均衡，构建算力感知的全新网络基础设施，真正实现网络无所不达、算力无处不在、智能无所不及。海量应用、海量功能函数、海量计算资源则构成一个开放的生态。其中，海量的应用能够按需、实时调用不同的计算资源，提高计算资源利用效率，最终实现用户体验最优化、计算资源利用率最优化、网络效率最优化。

（四）算力度量与标识体系

算力网络需要构建统一的度量和标识体系，通过对异构计算类型进行统一的抽象描述，形成算力建模模板，为算力路由、算力设备管理、算力计费等提供标准的算力度量规则。算力度量体系包括对异构硬件设备、不同算法以及用户算力需求三方面的度量。首先，对异构硬件设备算力度量，从而有效地展示设备对外提供计算服务的能力。其次，计算过程受不同算法的影响，因此，可以对不同算法进行算力度量的研究，获得不同算法运行时所需算力的度量。最后，用户所需的不同服务会产生不同的算力需求，通过构建用户算力需求度量体系，可以有效感知用户的算力需求。基于统一度量体系，算力建模体系包括对异构的物理资源建模，以及从计算、通信、存储等方面对资源性能建模，构建统一的资源性能指标，以及通过构建资源性能指标与服务能力的映射完成对服务能力的建模，实现对外提供统一的算力服务能力模型。

此外，算力网络需要构建统一的算力标识体系，支持对全网算力节点进行统一的算力标识管理与分配，且算力标识应当是全局唯一的，用于标识注册后的算力节点。此外，算力标识应当是可验证的，支持算力调度、算力交易等。

（五）算力路由技术

基于对网络、计算、存储等多维资源、服务的状态感知，算力路由技术支持将算力信息注入路由表，生成"网络+计算"的新型路由表；基于用户的业务请求，通过网络、计算联合路径计算，按需、动态生成业务调度策略，并实现基于IPv6 / SRv6等协议的可编程算力路由转发。

算力路由节点需要在传统的路由表中，基于接收的算力状态信息，在网络信息表基础上维护本地算力信息表。路由控制面基于给定的路径Metric值计算方式生成算力感知的新型路由表，相比于传统的路由信息表，算力感知的路由表中新增了"算力参数信息"和"网络、计算总参数信息"。

基于对应用需求的感知，结合实时的网络、计算状态信息，算力路由调度支持将应用请求沿最优路径调度至最优节点。基于"路径＋节点"联合计算和优化，从而实现可以感知业务需求的、综合考虑"路径＋节点"状态的新型路径计算，满足业务需求。此外，结合IPv6/SRv6/VPN等多种协议构建支持网络可编程、灵活可扩展的新型数据面，通过在入口网关处完成业务需求和转发路径的匹配与映射，实现基于SRv6的显式路径转发。

（六）算网协同管理技术探索

基于算力度量和建模体系形成的节点算力信息，算力算网协同管理技术需要支持对算力的统一注册以及策略配置，构建统一的全网算力服务拓扑，包括算力服务标识信息、部署位置信息等，实现对全网算力服务的统一管理。

此外，根据服务所需的算力资源信息，算网协同管理技术需要结合全网算力的部署状态，动态、按需编排与部署服务。更进一步，可以将一个服务任务分解为多个子任务，各子任务可以分别在不同的算力节点上进行计算，实现各计算节点的协同。

算力网络支持基于AI的算网流量预测，通过获取未来时间的流量分布、业务分布情况，进行算网资源的预配置、算网应用的预部署，支持对于算力和网络的联合调度和全局优化。

（七）在网计算超融合技术

在网计算技术的核心是将部分计算任务从主机侧迁移至网络侧，在交换机、路由器、智能网卡、DPU处理卡等网络设备完成计算加速，从而提升网络吞吐量，降低网络时延，减小总体能耗。

传统的网络架构主要完成分组的高速转发，将计算任务和计算结果在计算节点间高速传输。在数据中心网络中，大规模分布式计算和存储的需求日渐强烈，网络传输日渐成为数据中心中分布式集群规模增大和能效提升的瓶颈。近年来，基于RDMA（Remote Direct Memory Access）协议的方案实现了数据中心网络的大带宽、低时延和无损，使得存储和计算资源池化，一定程度解决了数据中心网络传输的瓶颈。

在此基础上，具有较强算力的新型异构网络设备，如可编程交换机、智能网卡和DPU处理卡等网络设备可以协同完成诸如分布式机器学习结果聚合等轻量级计算任务，从而降低数据中心网络内部的网络流量。另外，由于计算任务在网络中完成，不必再送往端侧进行处理，可以降低计算任务和计算结果的传输跳数，大幅降低整体任务处理时延。

三、算力网络部署方案

算力网络的部署应用需要一个分阶段演进和更新迭代的周期，初期可以通过集中式方案进行算力网络的概念验证，并适时在小规模网络场景引入分布式方案，实现集中式与分布式协同部署方案。待分布式算力路由协议成熟稳定的中后期阶段，实现分布式方案的规模部署。

四、算力网络的价值

算力网络是运营商云算网融合和网络转型的强力助推剂，助力运营商打破"管道化"困境。当前网络只作为信息传输载体，网络价值单一，导致运营商网络被"管道化"。基于运营商天然的"大连接"能力，算力网络利用运营商重计算资产和网络云化的优势，提供"优质连接+优质计算"的融合服务，赋能未来网络升级。此外，算力网络可统一调度未来社会中泛在的多样化算力，以统一服务的方式，高效、灵活、按需提供给用户，助力构建更开放、更多元化、更高价值的运营商网络。

算力网络提供"网络+算力"变现的新模式，构建开放共赢的算力生态。作为一个开放的基础设施，算力网络使能海量的应用、服务和计算资源。短期来看，有助于运营商边缘计算生态的构建和发展，通过按需、灵活、高效联合调度网络资源和算力资源，保障用户业务体验，助力"网络+算力"变现；中远期来看，未来网络设备将内生算力，真正实现"转发即计算"，从根本上颠覆现有的计算及网络模式；此外，通过引入区块链等去中心化技术，使能全新的"网络+算力"交易模式，赋能算力生态的繁荣与共赢。

五、小结

算力网络需要网络域、计算域协同创新，是一系列网络新技术的集成融合和创新应用。已经被纳入6G和下一代互联网关键技术之一，是网络与计算融合发展的终极目标，是实现网络智能内生的必由之路。其发展需要业界联合打造算力网络技术体系，实现网络无所不达，算力无处不在，智能无所不及，推动千行百业数智化转型。

《电信科学》2021年第10期

叁

「算网融合」：助力产业数字化转型升级

算网融合产业发展分析

孙　聪　王少鹏　邱　奔

随着业务应用的数字化转型加速，各类数字化场景对算力基础设施专用、弹性、泛在、协同的服务能力要求也在不断提升。算网融合是数网协同、云网融合之后算网供给模式的又一次升级。本文重点对算网融合业务需求、产业现状、发展趋势进行了分析，并进一步提出了"东数西算"背景下的算网融合发展建议。

引　言

近年来，我国数字经济高速发展，各行业数字化转型不断加快，云计算、大数据、人工智能等新一代信息技术正在广泛应用于社会生产生活的各个方面，社会总体算力需求随之快速增长。算力已经成为推动社会生产效率提升的重要方式，算力的发展对于推动数字化转型、加速数字经济发

孙聪系中国信息通信研究院云计算与大数据研究所助理工程师；王少鹏系中国信息通信研究院云计算与大数据研究所数据中心部副主任；邱奔系中国信息通信研究院云计算与大数据研究所助理工程师。

展具有重要意义。与此同时，随着数字化转型的深入推进，算力需求场景也日益复杂，异构算力互联、云－边－端高效协同等应用需求持续深入，高速敏捷、泛在协同、智能随需成为未来算力服务的基本要求。

算网融合是多元异构、海量泛在的算力设施，通过网络连接形成一体化算网技术与服务体系。算网融合具备算力资源高效集约、算网设施绿色低碳、算力泛在灵活供给、算网服务智能随需等特征，其发展对于提升算力服务水平具有重要意义。笔者从算网融合业务需求出发，明确了算网融合在提升算力服务能力、满足未来业务需求方面的基本要求。在此基础上，对算网融合产业现状、发展趋势进行了分析，并提出了算网融合发展建议。

一、算网融合业务需求

（一）异构算力协同需求增长

随着数字化转型的深入推进，各类数字化场景对算力的多样化要求逐步增加，单一算力难以满足业务需求，亟须异构算力的融合支撑。从算力服务类型来看，不同数字技术应用场景对算力需求有很大不同，如石油勘探、航空航天、核武器等技术领域需要超算算力支持，无人驾驶、人脸识别、工业机器人等场景需要智算算力支撑，互联网、通信、金融等场景更多以通用算力为主。除此之外，上述应用场景往往并非单一云端集中式算力即可支持，还需要边缘算力的广泛参与。从计算设备来看，不同类型算力需求的增长促进了计算芯片的多样化发展，从以通用中央处理器（Central Processing Unit，CPU）计算为主，逐步向显示芯片（Graphics Processing Unit，GPU）、现场可编程门阵列（Field Programmable Gate Array，FPGA）、专用集成电路（Application Specific Integrated Circuit，ASIC）等异构算力芯片协同发展的态势演进，如图1所示。

中国算力大会发布的《中国算力白皮书（2022年）》数据显示，截至2021

年底，全球算力总规模达到521 EFlops（FP32），其中通用算力为398 EFlops（FP32）、智算算力为113 EFlops（FP32）、超算算力为10 EFlops（FP32）。随着数字化转型进程的深入推进，用户对异构算力协同服务的需求将进一步提升，未来一段时间，全球通用、智算和超算算力均将保持增长态势。

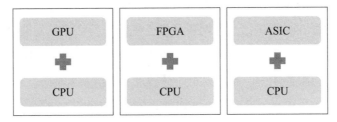

图1　多种形式的异构计算形式

（二）云-边-端算力协同需求增长

随着泛在物联终端数量的快速增加，算力需求逐渐从云端向边侧、端侧下沉和延伸，边端成为重要的算力节点。在无人驾驶、智慧工厂等云-边-端协同场景下，单一云端算力难以满足泛在物联终端对实时性、可靠性的需求，单一边缘端算力难以提供海量数据存储分析能力。因此，需要云-边-端算力的协同。未来，随着应用场景的丰富和发展，云-边-端算力协同的需求会持续增加，如图2所示。

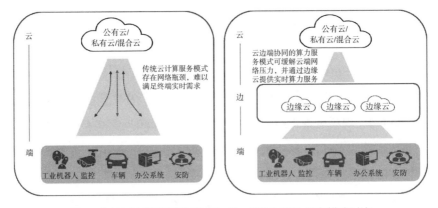

图2　传统云计算服务模式与云-边-端协同算力服务模式对比

（三）算网服务需求多元化

随着业务应用的不断发展，用户需要更加敏捷、弹性、随需随取、按量付费的算网服务。算网的敏捷性指快速获取算力服务、快速实现网络连接，以及保障业务服务等级。算网的弹性指算力资源可扩容或缩减、网络资源可灵活调度。随需随取是指可获取多样性、差异化的算网资源，同时获取的途径和方法具有便捷性。按量付费是指用户可根据使用的算网资源量向算网供应方付费。近年来，随着我国算力基础设施、网络基础设施不断优化升级发展，算网服务的敏捷性、弹性正在逐步优化，但是在面向特定的算力需求场景时，依然表现不足，例如当前算网服务难以实现端到端毫秒级时延，边端支撑能力不足。除此之外，仍有不少算力基础设施资源池化水平不足，未开展云原生改造，云服务弹性不足，难以适应快速变化的算力需求环境。

二、算网融合发展现状

（一）政策导向明确，鼓励算网融合发展

算力基础设施融合联动发展能够显著提升算力综合服务能力，并促进算力基础设施技术创新能力升级。我国高度重视算力基础设施技术创新和服务能力建设，推出多项政策，为算网融合发展提供了良好的政策环境。《全国一体化大数据中心协同创新体系算力枢纽实施方案》提出要加强多云之间、云和数据中心之间、云和网络之间的一体化资源调度。2022年2月，"东数西算"工程正式启动，其重点内容之一就是建设全国一体化算力网络体系，通过该体系实现算力高效调度。目前，多个枢纽节点和集群在其实施方案中均提出加强算网融合能力建设，构建算网一体化调度平台的建设目标。

（二）企业积极实践，推动算网融合尝试

算网融合是算力基础设施和网络设施融合发展的新形态，是面向新型业务需求的服务模式，国内外企业均在积极推动算网融合的产业实践。国外云商服务能力较强，谷歌、微软、脸书等头部云商业务范围覆盖全球，电信运营商专注网络服务，难以根据云商特定的网络需求提供服务，部分云商正在加速打造云间互联网络体系，实现内部算力资源的高效利用，如谷歌正在积极推动B4骨干网建设，通过自研交换机在全球数据中心部署软件定义广域网，以连接其分布在世界各地的数据中心，实现数据跨域远距离高速传输。

国内算网基础设施建设良好，但资源配置不均衡，算网一体化服务能力有待提升，随着用户需求的不断升级，算网融合一体的服务逐步成为新的发展热点。电信运营商、互联网厂商及设备厂商积极参与算网融合理论研究与技术研发，推动产业融合发展。在电信运营商方面，运营商掌握算网资源，在算力领域和网络领域均具有较大的优势，具备开展算网融合研究的基础。同时，电信运营商也希望通过算网融合服务进一步提升传统网络业务的附加值，提高自身云服务能力。中国电信集团有限公司（以下简称"中国电信"）强调云网融合，形成云网一体化供给。中国移动通信集团有限公司强调要实现多要素融合，并形成算力网络概念，即"以算为中心、网为根基，网、云、数、智、安、边、端、链等深度融合，提供一体化服务"的新型信息基础设施。中国联合网络通信集团有限公司正在向算网一体演进，加速推动云边端试点。在互联网厂商方面，阿里云计算有限公司（以下简称"阿里云"）发布了云骨干网，用以连接其分布在全球的数据中心。同时，阿里云骨干网仍依赖运营商网络资源。总体来看，阿里云的技术实践在一定程度上促进了电信运营商网络服务变革，运营商正在进一步强化网随云动的技术升级，为云商提供弹性、敏捷、便捷的网络服务。在设备厂商方面，中兴通讯股份有限公司、华为技术有限公司（以下简称"华为"）针对算网融合场景提出了网络设备及技术方案。其中，华为提出构建区域内可感知、可调度的人工智能算力资源，并提出了超融合网络、自动驾驶网络相关技术，提升了网络弹性和运维效率。

（三）技术创新发展，支撑算网融合落地

随着用户对数据中心访问流量的快速增长，数据中心与用户之间以及数据中心之间的网络传输变得愈加重要，数据中心运营商对网络云化可控能力提出了更高的要求，并推动了数据中心网络云化发展。在网络云化过程中，网络不仅作为通信传输工具，同时也需要为云计算提供更加可靠、敏捷、弹性的连接服务，一方面根据用户流量变化及时做出调整，以此实现更加敏捷智能的传输，避免网络拥塞，并产生更高时延；另一方面，网络可更加深入地感知业务需求，并将业务传送到合适的算力节点，进一步推动算网融合的发展。当前，运营商、云商以及科研院所均在积极推动网络技术创新，提升网络传输性能和业务感知能力。如刘韵洁院士团队积极推动的未来网络相关技术研究，能够针对特定业务需求提供定制化的网络服务，构建更加开放、智能、安全、柔性的网络服务。中国信息通信研究院、中国电信、华为等共同构建了无损网络，通过拥塞控制、负载均衡、流量控制等技术实现"零丢包""低时延"和"高吞吐"，全面提升网络基础能力。

在算网融合关键技术方面，对比运营商云网融合、算力网络相关的研究成果，并结合业界现有技术现状，可以发现当前算网融合架构体系基本上可分为四层，分别是算网基础设施层、算网融合层、服务运营层和应用平台层。其中，算网基础设施层是承载算网融合业务的底座，为上层业务应用提供基本的算力资源和网络资源，为了适应算网融合的服务能力要求，算力基础设施和网络基础设施均需要进行相应的优化和升级。算网融合层是实现算网融合服务的关键，主要是对算力资源、网络资源进行一体化感知、标识、度量，形成算网地图，对算网资源分布进行精确分析和应用。同时，算网融合层还需要根据业务需求对算网资源进行编排，将算力需求调度到合适的算力节点，提升算网供需的匹配性。服务运营层主要负责用户身份信息验证，对算网资源进行统一计费计量，并可通过交互式界面进行资源展示。应用平台层主要是面向用户提供相应的应用平台，包括算力调度平台、算力交易共享平台等，用户可通过相关平台获取算网融合服务。

三、算网融合发展趋势

（一）算网基础设施泛在协同，算网能力显著提升

算网融合在底层依赖于算网基础设施能力的提升以及算网设施的协同发展，即实现数网协同。在发展过程中，我国算网基础设施在建设布局的协同性方面表现不足，存在算力基础设施与网络设施建设不同步、算网设施性能与当前业务需求不匹配等问题。随着"东数西算"工程的实施，我国算网建设布局和基础能力正在发生变革。在算网基础设施建设布局方面，西部算力基础设施、网络设施建设将进一步加快，算网设施间的协同性也将进一步增强。同时，算力发展水平较高的地区会有相应的网络设施支持，网络流量密集的地区也会部署相应的算力设施，进而实现算网设施的同步发展。在算网基础设施能力方面，为了建成覆盖全国的一体化算力网络体系，数据中心集群间或将形成全光互联的直联网络，显著提升云间数据传输能力。除此之外，为了应对多元异构、云边协同的算力需求，我国算力基础设施市场格局将进一步演变，通用、超算算力设施将保持稳定增长，智算、边缘算力设施发展加快，最终将形成泛在协同的算网设施发展格局。

（二）市场合作机制更加健全，业务形态逐渐成型

算网融合是算力服务商和网络服务商共同参与的商业形态，涉及主体

众多。随着算网融合的深入发展，算网融合市场机制将变得更加健全，业务形态也将逐步成型。当前，我国运营商正在积极探索算网融合商业模式，并提出了各自的技术架构和演进路线，但是由于各自掌握资源和利益诉求存在差异，短时间内市场上可能会出现基于不同技术框架的算网融合实践。互联网厂商、第三方数据中心服务商及企业自建数据中心并不掌握网络资源调配能力，但也依托运营商提供的网络资源，积极开展实践。随着用户算力需求的进一步发展，互联网厂商、第三方数据中心服务商、其他行业企业对于网络资源的调度需求将快速提升，在这种情况下，算力服务商和网络运营商之间的合作将变得更为紧密。在各类市场主体的参与下，算网融合的业务形态将逐渐成型。

（三）核心技术不断创新突破，技术标准逐步健全

算网融合发展依赖于底层算力基础设施与网络基础设施的高质量发展，同时也需要算网统一度量、资源感知、调度编排和交易等核心技术的支持。随着算网融合参与主体的增加，以及算网技术的不断演进，算网融合核心技术将不断取得新突破，算网资源的度量变得更加统一，算网服务提供者可对算网资源使用情况进行全面感知，并基于人工智能分析预测未来算网需求，及时准备并调整算网资源供给策略，真正实现随需随用的算力服务。在多主体合作机制以及算网安全等技术支持下，算力交易和共享技术将逐步发展成熟，并形成完善的商业应用，所有行业用户均可根据自身需要接入算力交易和共享平台，出售闲置算力，并一站式购买最适合的算网资源，全社会总体算力资源利用效率将得到极大提升，数字经济发展水平也将得到跨越式发展。

除了技术突破外，算网融合技术标准也将逐步健全。当前，业界厂商在算网融合关键技术实现方面仍存在较大差异，大多是基于自身的云平台和网络资源优势提出相应的技术解决方案，多种技术路线的发展在短期内能够有效激发创新活力。但是，在全国一体化算力网络的应用场景下，采

用多种技术标准可能会导致一体化算力网络接入和使用变得烦琐，增加使用成本。随着"东数西算"工程的逐步深入，全国一体化算力网络将逐步建成。为了降低用户接入成本，提高算网平台运维管理效率，算网融合相关的技术标准将逐步建立。

四、算网融合发展对策

（一）实现设施升级，助力算网融合

为了推动算网融合的发展，需要持续强化底层算力和网络基础设施能力升级。在算力基础设施方面，坚持以新型算力基础设施实现高算力、高技术、高安全、高能效的目标为引导，推动通用、智算、超算算力发展，加强通用算力芯片以及GPU、FPGA、ASIC等异构算力芯片的研发生产，挖掘数据处理单元（Data Processing Unit，DPU）算力芯片在提升算力服务能力方面的价值，不断提升算力基础设施的数据运算能力和业务处理能力。引导算力基础设施合理布局，推动算力基础设施集约化能力建设，解决算力供给的普遍覆盖问题。

在网络基础设施方面，加快构建数据中心集群间的直联网络，形成云间高速互联的传输通道，为多云间数据传输和业务需求调度提供保障。在"东数西算"场景下，加快推动数据中心枢纽节点间、数据中心集群间的直联网络建设，促进全光直联在数据中心直联网络中的应用，降低枢纽节点、集群间网络时延，打造覆盖全国的数据中心高速互联网络。一方面，为用户提供高速、泛在、便捷的网络接入；另一方面，为业务应用跨区域调度提供可靠支撑。在直联网络基础上，加强网络切片、无损网络、时延敏感网络、未来网络等网络新技术的试点工作及推广应用，提升网络传输保障能力。

在提升算网设施基础能力的基础上，联合产业力量，开展算力度量、感知、编排、路由、交易等核心技术的研究和产业实践，重点加强算网融

合技术标准的制定，明确异构算力接入、算力度量、网络度量、算力资源调度等方面的标准，使用户能够按照统一标准开展算网融合技术研发，接入算网融合相关平台。

（二）强化产业政策，引导融合发展

算网融合是算力基础设施和网络基础设施融合发展、升级演进的重要方向，是全面推动数字化、智能化建设的关键。推动算网融合发展需进一步加强产业引导。一是明确算网融合发展的重要意义。算网融合对于推动我国数字经济发展的意义主要体现在两方面：一方面，利用算网融合技术，可进一步推动算力服务提升，实现算力随需供给、按量付费，形成弹性、敏捷、高速、泛在的算力服务，为异构算力协同、云–边–端协同以及"东数西算"跨域远距离传输场景提供服务；另一方面，算网融合可在一定程度上对冲我国高端算力不足的风险，此外，在算网融合的支持下，业务需求可调度到多个算力基础设施，协同利用多个算力设施资源开展计算。二是在产业规划等政策文件中提出算网融合发展目标，规划演进路线，制定相应的建设任务。为了进一步发挥算网融合的价值，可在信息通信行业发展规划、数字经济发展规划等政策文件以及"东数西算"工程相关的发展规划中强化算网融合发展目标，推动算网融合高质量发展。三是鼓励形成产、学、研一体的生态合作机制。算网融合内涵丰富，涉及主体众多，需要多要素协同配合。在技术攻关方面，要发挥科研院所在算网融合新技术方面的攻关能力，鼓励企业与科研院所合作，推动算网融合新技术从研究走向应用。在机制保障方面，搭建算网融合上下游企业合作交流平台，促进算力供需方强化合作交流，共同推动算网融合发展。同时，需要进一步完善跨区域的算网服务结算机制，推动算网融合发展。

（三）培育应用场景，推动融合应用

当前，尽管已经存在异构算力协同、云–边–端高效协同、跨域远距离传输等算网融合相关的需求场景，但是总体来看，这些应用场景规模较小，仍需进一步强化算网融合应用场景的开发，并通过需求引导带动算网融合产业服务能力提升，重点加强工业互联网、金融交易、远程医疗等低时延、高可靠算力需求场景下的算网融合技术支撑。

为了支撑相应的算力应用场景，应重点以构建全国一体化算力网络为契机，加强算力调度、交易和共享平台的建设，全面融通社会闲置算力资源，发挥闲置算力资源的价值，就近为用户提供更加优质、高效的算力服务。在构建算力调度相关平台过程中应充分保障算力服务的便捷性，使不同地区、不同行业的企业用户、个人用户能够更加方便地获取算力资源。同时，要提升算力资源分配的自动化、智能化程度，随着平台接入用户的增长，算力感知、编排、调度的复杂性将同步提升，自动化、智能化的运维管理工具能够有效提升平台应用效率，保障算力资源得到合理的配置。

五、小结

算网融合是算力和网络融合发展的新模式，未来，随着算网融合技术及业务模式的不断成熟，相关政策监管将愈趋严格，产业发展将更加规范化。同时，算网融合发展市场运营机制及核心技术也将更加完善。算网融合是算网技术发展的重要趋势，但同时也面临着诸多挑战，仍需进一步强化算网融合相关政策研究，加强应用场景开发，坚持市场需求导向，助力算网融合高速发展。

《信息通信技术与政策》2023年第5期

"东数西算"：
为经济高质量发展注入新动能

数字经济新引擎：对"东数西算"战略的分析

石 勇 寇 纲 李 彪

2021年3月，"十四五"规划正式发布，加快数字化发展，建设数字中国是未来的数字经济发展模式的目标。作为数字经济的基础，国家发布了多项规定来统筹规划、促进大数据中心一体化和算力枢纽节点（即"东数西算"）的整体建设，服务于数字经济的发展。本文阐述了"东数西算"工程的建设背景，探讨了实施"东数西算"的重大意义，同时从地方建设和就业收益平衡、网络基础建设等六个方面提出了发现的问题和相应的建议，以助力高质量地加快实施全国一体化大数据中心。

石勇系中国科学院虚拟经济与数据科学研究中心主任；寇纲系西南财经大学大数据研究院院长；李彪系西南财经大学大数据研究院副教授。

肆

「东数西算」：为经济高质量发展注入新动能

1　背　景

2021年3月11日，全国人大表决通过了《中华人民共和国国民经济和社会发展第十四个五年规划和2035年远景目标纲要》，数字经济被正式写入了"十四五"规划中，成为国家经济发展的重点。如何构筑数字基础以加快数字化发展，服务数字中国建设成为当前的首要任务。

为了更好地服务于国家数字经济的重大发展战略，2020年12月23日，国家发展改革委发布了《关于加快构建全国一体化大数据中心协同创新体系的指导意见》，提出在京津冀、长三角、粤港澳大湾区、成渝等重点区域，以及部分能源丰富、气候适宜的地区布局大数据中心国家枢纽节点，引导数据中心集群化发展，构建一体化算力服务体系。2021年5月24日，国家四部委共同深化实施细节，发布了《全国一体化大数据中心协同创新体系算力枢纽实施方案》，明确在京津冀、长三角、粤港澳大湾区、成渝、贵州、内蒙古、甘肃、宁夏等八个区域打造建设全国一体化算力网络国家枢纽节点。2022年1月和2月初，国家发展改革委分别批复同意了八个节点的启动建设方案，标志着全国大数据中心节点建设的正式启动。大数据一体化的相关文件发布之后，八个区域根据各自的定位和特色积极响应国家的数据产业发展规划。由于资源丰富的四个区域节点都是单独的省份，且大数据中心的存量有限，在建设方案的规划制定方面更容易取得一致性的结果。2022年1月，国家发展改革委同意了内蒙古、甘肃、宁夏、贵州四省份的启动建设方案，初步明确了省内数据节点的范围、职能、发展目标、能耗要求等。四个经济发达数据中心节点的发展建设方案协调了内部的产业条件、资源条件、区位规划等多方面因素，于2022年2月得到了国家发展改革委等部门的批复。

当前，各节点省市围绕数据中心建设、新型基础设施建设等出台了一系列政策、规划，部分地区出台算力网络枢纽节点建设发展专项政策。此外，绿色节能是关键词之一，浸没液冷技术成为数据中心节能降耗的重要方式，北京、上海等区域率先启动了数据中心能耗实时监测系统建设。

2 "东数西算"的重要意义及八大节点建设

"东数西算"工程涉及我国区域发展、产业发展、能源发展，乃至全国数字经济的高速均衡发展，因此，推动"东数西算"是数字经济高质量发展的必然要求。第一，它是破解区域发展不平衡的必然要求。长期以来，我国东西部经济发展不平衡，破解"胡焕庸线"是一个重大课题。在当前强调稳增长的背景下，"东数西算"工程重资产投入、投资链条长的特点，能够为经济带来拉动效应。与此同时，算力网络发展不平衡不充分问题突出，"东数西算"是将东部海量数据通过全国一体化算力网络传输到西部，解决东西部对数据处理需求和供给的不平衡问题，绝大多数的温数据、冷数据存储及其相应处理需求均可转移到西部。第二，它是加快产业互联网创新发展的必然要求。互联网发展正在由消费互联网向企业级服务的产业互联网发展，全球主要科技公司主要转向 ToB 业务，而产业互联网的创新发展需要坚实的数字底座支撑，需要更高的互联互通、降低成本。如果没有政策引导，难以实现资源有效调控。第三，它是实现能源低碳转型的必然要求。数据中心是高耗能产业，预计到 2025 年，国内数据中心电力消耗将达到 3500 万亿千瓦时。将高耗能的数据中心行业放置在清洁能源丰富的西部进行集约化管理，能够实现绿色减碳的目的。

八大算力网络枢纽节点可分为两类。内蒙古、贵州、甘肃和宁夏四个节点要打造面向全国的非实时性算力保障基地。定位于不断提升算力服务品质和利用效率，充分发挥其资源优势，夯实网络等基础保障。京津冀、长三角、粤港澳大湾区、成渝四个节点要服务于重大区域发展战略实施需要。定位于进一步统筹好城市内部和周边区域的数据中心布局，实现大规模算力部署与其他资源的协调可持续，优化数据中心供给结构，扩展算力增长空间。

各地陆续出台相关政策，推动"东数西算"工程建设。京津冀、长三角、粤港澳大湾区等东部枢纽节点主要着眼于数据中心建设布局优化、重视绿色低碳与跨区域协同，服务智慧城市发展。如粤港澳大湾区从健全工作协调机制、制定建设任务路线图、编制数据中心相关产业布局规划三方面推进工作。内蒙古、贵州、甘肃和宁夏等西部节点着力优化产业发展环境，围绕园区规划、招商引资及网络通信链路建设，密集出台相关支持政策，为相关企业提供降低到户电价、节能技术改造补贴以及降低税负成本等具体支持，不断优化产业发展环境。

3 问题与建议："东数西算"如何发力？

笔者结合在对"东数西算"八大节点调研过程中发现和总结的问题，综合考虑数据要素的新模式，从六个方面汇总了发现的问题并提出针对性建议。

（1）建议关注大数据中心建设成本与就业、收益分配问题。

大数据一体化和算力枢纽节点是数字经济的基石。从国家层面，全国统一的数据中心建设可以发挥整体资源优势，为经济发展寻找到最优化和最高效的区域支撑节点。但实际的建设中，大数据中心和算力枢纽节点作为数字存储、计算的核心，需要消耗大量的电力、土地、网络等公共配套资源，涉及八大节点建设的地方政府承担了大部分的建设投入，后期也会产生大量的维护成本，却无法得到相应的就业和收益。一方面，节点数据设施属于硬件，其存储的数据和使用的软件调度可以通过网络在远端实现，没有给当地创造大量的就业机会；另一方面，数据中心创造的价值大都由拥有方享有，数据所有权、税收、投入等与当地无关。如何实现投入与收益的合理分配成了巨大的挑战。建议国家出台相关政策，明确数据中心建设规模必须与创造当地就业机会挂钩，要求数据中心拥有方根据国家政策与法律在当地创造数据预处理或标注等就业机会，根据使用量和企业效益进行利润税收的再分配。

（2）建议国家成立与数据中心相匹配的基础网络集团。

大数据中心节点的建设既能推动数字经济建设，也能促进社会数字化。数据中心的建设需要统筹的不仅是本身的布局规模，还需要高度关注相匹配的传输网络的同步建设。目前国内的网络建设主要是三大电信运营商（移动、联通、电信）和中国广电。一方面，其市场化运营方式与国家大数据中心枢纽节点建设战略存在滞后性；另一方面，网络传输按流量计算的收费方式，大大增加东部数据向西部大数据中心转移的成本。建议参考油气管网的运营方式，成立国家级的网络基础设施公司，统一建设网络设施，为大数据中心一体化专职服务，优化计费方式，降低数据传输成本，提高大数据一体化中心和算力枢纽节点间数据交互的效率，实现优化资源配置的目的。

（3）建议完善大数据中心和算力枢纽的政府指导和市场化运营并举，避免重复建设。

各节点建设的主体主要包括三大类企业：三大电信运营商、大型互联网企业、第三方数据综合服务商。当前各个节点的建设都严重依赖于三大运营商和互联网巨头的投资建设，已建成和规划建设的大数据中心存在高度的相似性。由于企业运营的利益驱动及地方政府对数据安全和效益的考量等因素，各地的数据中心使用率差异明显，不同区域的数据中心之间的数据流转、协调很低。建议国家对大数据中心节点进行定位，针对建设规划进行政府指导，减少地方政府对于三大运营商、互联网巨头数据中心建设的依赖，重视引入市场化的竞争运营机制，避免同质化、重复建设等问题，提高大数据中心的使用率。

（4）建议完善国产自主软硬件的研发，构建相关评价指标，防范数据中心软硬件风险。

目前，大数据中心建设的服务器设备及管理软件大多数是海外品牌或开源软件的二次开发。八大枢纽节点的建设对服务器的需求是一个巨大的市场。当前，硬件设备的基本元件（如CPU，内存、硬盘等）主要是国外品牌或国内组装而成，这对数据中心安全造成严重的隐患。其次，国内现有的数据库管理软件大都是基于开源软件的二次开发产品，底层核心非完全自主控制。建议面向国家战略的巨大市场需求和数据安全，创立数据中心软硬件市场监管制度，加大自主相关产业的激励政策，完善零部件的自主评价指标，避免数据中心的安全隐患，加强对真正自主创新的支持。

（5）建议国家在区域节点内试行跨境数据流通业务，同步配套对外数据交流的相关政策。

随着对外贸易、交流的增加，跨境数据已经成为重要的议题，在粤港澳大湾区枢纽节点尤为突出。国家的大数据节点建设不仅仅要考虑国内的数字经济发展需求，也要考虑与国际上其他区域的业务往来，掌握数字经济的话语权。建议国家基于现有的重大战略（大湾区、"一带一路"），支持部分节点试行跨境数据的运行监管机制，如粤港澳大湾区。在试验区域内，推动在海外发展业务的企业在节点内成立离岸数据中心，探索新的运行机制，成立数据海关，监管离岸数据，从而形成安全可靠的运行机制。

（6）建议加大对大数据人才的培养投入。

算力枢纽节点及其配套的网络等设施建设需要大量的专业化人才队伍，目前，四个资源丰富节点大都缺少相关人才队伍，特别是数据预处理或标注的中高职技能人才。如何引入人才，通过人才促进产业结构的升级，是各个节点迫切的需求和亟待解决的问题。建议国家出台相应的激励政策，构建节点的国家级实验室，引入高校院所的顶尖人才，加大培养当地的大数据中高职技能人才，让区域节点的人才队伍建设得到提升，推动当地数字产业的发展。

4 结束语

算力作为数字经济的新基础，在数字经济、大数据、人工智能高速发展的现状和未来会越来越重要。国家从整体的视角统筹规划，合理布局会对算力资源充分利用和数字经济建设起到巨大的推动作用。

《大数据》2023 年第 5 期

“东数西算”战略布局的重大意义

唐 卓

> “东数西算”工程通过构建数据中心、云计算和大数据一体化的超级算力网络体系，实现东部算力需求和西部能源供给的联动调配，为数字化转型和社会民生提供保障和服务。以国家超算为枢纽节点开展国家高性能算力网络建设具有得天独厚的条件，在全国一体化算力网络布局中起连接、统筹的作用。“东数西算”推动了高性能算力中心更快实现云网协同，提升算力服务的品质和使用效率，是实现国家数字经济发展和碳中和目标的重要举措。

“东数西算”是世纪工程，算力网络是国家新型基础设施的骨架

随着我国现代化工业的飞速发展，互联网、制造业、服务业等行业日

唐卓系湖南大学信息科学与工程学院教授、博士生导师。

益增多的数据无时无刻不在考验着国家信息化基础设施的承受能力以及调度能力。"东数西算"是在全国范围内实现算力和应用资源按需调度的基础设施工程，是以算力中心、数据中心、高速网络为基础设施，由云计算、大数据以及智能计算为核心技术构建的一体化新型算力网络体系。我国东部地区数据产生量大、数据密集、算力资源紧张，西部地区地域广袤，拥有比东部地区更丰富的可再生资源，充分利用西部地区的计算资源来高效执行东部地区有巨大计算需求的数据，能够在全国层面更高效地支撑以降低全社会能耗为目标的计算方式，更稳定地解决算力增长需求，实现绿色可持续发展。

新基建已经被证明是繁荣数字经济的基石，毫无疑问像城际高速铁路和城际轨道交通、新能源汽车充电桩、人工智能和工业互联网等领域的新基建绝大部分将在东部经济发达省份和地区进行，而随着新基建的推进与其规模性效益的发挥，海量的数据将密集地产生在我国中东部地区，极大促进中东部地区算力需求的增长。从这个意义上说，"东数西算"将是我国推进新基建的有效保障，是基础设施的重要组成部分，其意义远不止于数据中心和算力中心的建设，而在于能够将现有的和将来的数据中心与算力中心在区域内与全国范围内连接成网，建设成为国家新基建工程的骨架，更高效地联通全局计算存储与网络资源，更合理地引导数据和应用的布局，以更绿色的能耗开销实现全国算力的规模化与高可扩展性。

"东数西算"将是我国建立在能源优化布局上的世纪工程，是在全国范围内按区域建设数据中心枢纽、实现数据迁移和算力平衡化的高速互联网络，主体上主要包括算力枢纽与算力网络的建设，除了带动我国数据产业的投资优化，还将在更大程度上实现数据产业的优化布局。

随着"东数西算"以及多层次数据中心布局的逐步推进，国家高性能算力网络将成为支撑东部数据到西部运算的重要基础设施，其组成将包括高速数据中心直连网、云网一体化、高性能边缘接入网以及数据中心内部高速网络等，需要加速实现多云间、云和数据中心间以及云和网络间的资源联动，真正实现云网融合。重点是建设区域数据中心间的按需弹性网络，优化网络结构，实现数据中心间的带宽资源可按时/按需调整，减少数据绕转时延。数据中心端到端单向网络时延原则上能控制在10毫秒范围内，是保证网络实时性、实现全面云接入、提升跨区域算力调度水平的基础条件。

高性能算力网络从字面上理解是算力资源信息的分发网络，是算力资源提供方与算力消费方之间的高速互联平台。本质上要求高带宽、低延时，支持带宽的弹性分配，可通过高速数据传输、共享与任务分发的手段来实现算力资源的合理调度，进而降低能耗。这种以算为中心、网为根基，将"网、云、数、智、安、边、端、链"等深度融合并提供一体化服务的方式，将实现从以网络为核心的信息交换到以算力为核心的信息数据处理的转变。

对国家高性能算力网络的定位可以从国家层面和地域层面两个不同的角度来分析。从国家层面来看，是以八个算力网络国家枢纽节点为核心，建设算力枢纽的数据中心内网络、数据中心间网络以及跨地域的算力枢纽间网络。八个节点的布局建设，定位不同，发挥的作用也有所不同。贵州、内蒙古、甘肃、宁夏这四个节点要打造面向全国的非实时性算力保障基地，不断提升算力服务品质和利用效率，充分发挥资源优势，夯实网络等基础保障，积极承接全国范围的后台加工、离线分析、存储备份等非实时算力需求。京津冀、长三角、粤港澳大湾区、成渝四个节点要服务于重大区域发展战略实施需要，进一步统筹好城市内部和周边区域的数据中心布局，实现大规模算力部署与土地、用能、水、电等资源的协调可持续，优化数据中心供给结构，扩展算力增长空间。

在地域层面，可以国家超算中心、地方超算中心和大型算力中心为核心，先行建设超算中心与各规模以上数据中心间的星型网络，面向AI大模型训练、反恐/应急等时间上算力需求不均衡的应用以及高分影像数据处理、超大型机械/流体仿真等数据密集型与计算密集型应用等，建设按需分配与弹性调整的算力网络基础设施，通过算网一体的云网融合架构，实现基于骨干网、城域网的网络资源层、算力路由层，建立多中心间的一体化算力平台和算力服务层，进而实现数据密集型与计算密集型应用在算力网络环境下的适配和部署，满足传统高性能计算应用的弹性需求和扩展性需求。

国家超算中心是国家高性能算力网络建设的枢纽节点

一般来说，国家高性能算力网络是由运力和算力两个基本要素组成。运力以网络为基础实现算力枢纽、数据中心与边缘节点之间的互联互通，主要提供数据交换和算力路由服务，综合考虑任务类型、算力需求和成本等因素，将用户任务和数据调度部署在效益相对较高的算力枢纽节点中。算力因其硬件和应用服务类型的差异可分为通用算力、智能算力和超算算力。通用算力是由传统CPU芯片构成的集群服务器算力，可以支持对算力速度和类型要求较低的分布式计算应用。智能算力由多数量、多类型的智能加速器硬件构成，AI智能芯片为人工智能应用训练和推理过程提供服务。超算算力以大规模和超大规模计算节点和高速互联的网络构成，节点往往配置有异构或众核的高性能处理器，是支持高精度浮点计算能力的高性能集群系统。

现阶段的算力中心建设大致包含高性能超算集群、高性能网络和存储的硬件系统以及高性能计算支撑软件系统等，其中软件系统主要包含三类：一是高性能计算服务化与调度系统，提供多基础设施的整合和资源编排能力，能够实现高性能计算、辅助算力资源池、AI算力资源池的统一管理，提供资源标准化、资源申请、资源调度、资源变更、资源释放等功能，提升资源交付的效率。二是超算系统运行综合管理系统，对环境提供监控管理、对资源进行统一纳管、提供智能运营/运维服务、提供可视化管理。三是机房与动环运行管理系统，对各个独立分布的动力设备、机房环境以及机房安保监控对象提供实时的可视化管理。

国家高性能算力网络将成为高性能计算应用的基础设施，在科学计算领域，可用于气候模拟、揭示地球地质演化进程、自然灾害预测、大工程模拟建模试验等；在应用生产领域，可用于地质勘测、生物医疗健康等。随着更强大、更高计算能力的超级计算机的出现，规模越来越大的微观系统、时间越来越长的微观过程以及细节越来越精细的微观现象可以被模拟，从而极大增强人类对自然的认知能力。时至今日，高性能计算在基础科学研究、工业工程、公益事业、国防安全等各个领域的广泛应用，解决了大批重大、关键、具有挑战性的科学和工程问题，对于支撑科技创新、推动经济发展具有重要作用。

2021年5月，国家发展改革委等多部门联合印发的《全国一体化大数据中心协同创新体系算力枢纽实施方案》中给出的算力网络国家枢纽节点布局总体思路是：第一，围绕国家重大区域发展战略，根据能源结构、气候环境等布局，建设全国一体化算力网络国家枢纽节点，发展数据中心集群；第二，在国家枢纽节点之间进一步打通网络传输通道，提升跨区域算力调度水平。在全国一体化大数据中心体系总体布局中，设计规划了8个国家算力枢纽节点和10个国家数据中心集群。其中离散的国家数据中心集群提供主要的算力支持，国家算力枢纽在全国一体化算力网络布局中起连接、统筹的作用。算力枢纽是使离散的数据中心集群相互联系的中心环节，是全国一体化算力网络建设的关键，在"东数西算"工程中起到合理统筹、布局数据的作用。

我国目前已建立14家国家超级计算中心，近5年内总算力将超过10EB。国家级超级计算中心是我国科学工程计算、行业计算与社会计算的主要算力设施，是国家战略科技基础设施与数字经济发展制高点。

以超算中心为枢纽的高性能算力网络需要实现三个方面的主要功能：高性能计算服务架构、多中心间算力融合与调度、多中心算力互连网络基础设施建设。第一，基于国家超算中心建设高性能计算服务架构。基于国家超算中心，建设超算云平台，整合超算云资源池，构建针对高性能计算应用的云原生体系结构，完成高性能计算应用的云化改造和服务化封装，实现高性能计算应用的按需弹性计算，完善计费策略与服务。第二，基于国家超算中心实现多中心间算力融合与调度。基于国家超算中心，建设超算互联网服务平台，在高性能算力网络中扮演算力路由的角色，实现多中心高性能资源协同调度及资源优化布局。以国家超算中心为枢纽，建立数据互联与高效处理机制，实现多中心之间、中心内部的级联架构下资源跨域分配和自动化部署。面向超算互联网构建低代价分布式计算框架，以支持数据处理、人工智能训练与高性能计算的不同算子在数据中心间形成跨域工作流。第三，基于国家超算中心实现多中心算力互连网络基础设施。使用IPv4和IPv6网络环境下的超算中心互联方法、路由策略和治理体系，建立超算中心间大带宽、低延时、高可靠互联网络。

因此，国家超算中心将会是国家高性能算力网络建设的枢纽，需加大利用超算算力统筹、优化多中心分布式计算体系结构的研究和建设。在多数据中心的级联架构下，不同算力下的通信速率、I/O速率大不相同，速率慢会成为多中心计算的瓶颈，基于超算中心的多中心分布式计算架构设计，可以克服"东数西算"级联架构的多层通信问题，降低多层通信延迟带来的影响，通过合理的高性能算力网络纵向结构，找到平衡计算、I/O和通信的最佳点，进一步提升高性能算力网络的性能。

国家高性能算力网络将极大促进传统行业的升级转型

建设国家高性能算力网络会直接刺激芯片等上游产业的变革。数据中心是国家高性能算力网络的重要组成部分，计算、存储、网络传输是数据中心的三个核心功能。数据中心提升算力的主要方向是种类和数量更多的计算单元，这会直接拉动服务器芯片和GPU等异构算力芯片的巨大需求。同时，建设高性能算力网络也会拉动各种功能特化型芯片的研发和应用，如面向AI模型训练的AI芯片，直接面向大数据处理平台的DPU芯片，网络传输芯片、存储芯片、数据采集芯片等，这将极大促进我国芯片行业多元化发展。

支持跨数据中心节点的资源管理和任务调度是国家高性能算力网络一个不可或缺的部分，其对操作系统提出了更高的要求。操作系统在计算环境多变、需求多样、场景复杂等环境下需要对硬件资源、数据资源、系统平台及应用软件进行灵活的软件定义，以支持感知互联、计算认知、动态适配和反馈控制等跨数据中心节点的应用特点。

云计算在本质上是依托计算机网络建立起来的，是将集中或者相对集中的计算与资源以服务化的方式满足客户使用需求的基础设施与商业模式。云计算在实现上对算力网络有着天然的依赖，算力网络能够在更大的区域内让最终客户享受更好的云计算服务。随着近几年云计算规模不断扩大和在各行各业内的应用越来越广泛，工业云的发展在很大程度上带动了传统企业的转型升级。工业云向企业提供云设计、云制造、云协同、云资源、云服务、云存储等服务，可落实于工业软件设计、工业数据管理、3D打印、工业仿真分析等工程领域。工业云带动的工业互联网已成为工业企业发展的一个新方向，在过去的实践中，工业云的发展大大降低了传统制造业迈入信息化的门槛。此外，国家高性能算力网络还将会打破工业云之间通信与服务的壁垒，形成更高层次的"云"。算力网络的服务对象不再局限于某一个特定的领域，这将有利于各式企业以较低的运营成本进行数字化转型和智能化升级，提高我国工业企业整体的竞争实力。

此外，国家高性能算力网络将会对我国传统产业由"信息化"迈入"智能化"起到极大的推动作用。随着AI在各行业领域的不断深化，AI应用的场景不断丰富，AI训练和推理的计算量正在呈指数级增长。超算中心/数据中心的单一算力集群越来越无法满足复杂场景中超大规模参数训练和人工智能应用的需要。随着国家"东数西算"工程拉开序幕，算力经济时代已经到来。随着新基建的推进，我国国家超算中心、各省市的超算中心、人工智能算力中心都在陆续建设中，这些多地域分布的算力中心节点构成了典型的多域高性能计算环境。随着国家和各省市智能计算算力网的构建，面向疫情防控、应急反应等国家重大战略需求，如何提供中心间的算力协同和按需调度方案，解决"算力孤岛"问题，提升国家在算力基础设施上的投资收益，成为当前亟待突破的瓶颈。

"东数西算"是我国的世纪工程，是建设国家新型基础设施必不可少的骨架。我国城市发展不平衡决定了中东部地区将是应用和数据的主要产生地，国家高性能算力网络作为支撑东部数据到西部运算的重要基础设施，将在我国"东数西算"工程推进与实施过程中起到举足轻重的作用。运力与算力是构成国家高性能算力网络的基本要素，国家高性能算力网络将成为我国大规模高性能计算应用的基础设施，是解决关系到国计民生的重要科学和工程问题的关键设施，对于支撑科技创新、推动经济发展具有重要作用。

国家级超算中心是我国战略科技基础设施与数字经济发展的制高点，以国家级超算中心为枢纽节点开展国家高性能算力网络建设具有得天独厚的条件，在此基础上打造集计算服务、交叉研究和产业创新"三位一体"的国家重大科技基础设施和区域通用公共计算服务平台，将极大地促进传统行业的转型升级，夯实新基建。

《人民论坛》2022年第15期

肆

"东数西算"：为经济高质量发展注入新动能

"东数西算"与数字经济、"双碳"、"共同富裕"的关系认识及融合发展

张汉良　　傅文军

党的十八大以来，以习近平同志为核心的党中央从历史和全局的高度出发，聚焦"共同富裕"这一重要命题作出很多重要论断与阐释，拓展深化了中国共产党人对"共同富裕"的认识，为党和国家在新的历史时期推进实现共同富裕提供了科学的思想指导。"东数西算"的底层逻辑是国家希望通过技术创新手段扩大区域创新空间，从而为实现高质量发展提供强有力的保障，达到共同富裕的目的。本文阐述了"东数西算"与数字经济、"双碳"、"共同富裕"的关系，以期为"东数西算"推动实现全面可持续的高质量发展提供理论助力。

作者单位：中国移动浙江公司。

"东数西算"形成原因

2021年5月24日，国家四部门联合印发《全国一体化大数据中心协同创新体系算力枢纽实施方案》，2022年2月17日四部门又联合印发通知，同意在京津冀、长三角、粤港澳大湾区、成渝、内蒙古、贵州、甘肃、宁夏等8地启动建设国家算力枢纽节点，并规划了10个国家数据中心集群。至此，全国一体化大数据中心体系完成总体布局设计，"东数西算"工程正式全面启动。

"东数西算"是我国经济社会发展的客观需要

以"人民劳动"作为中国特色社会主义政治经济学的理论起点，可以串联和构建起包括劳动、价值、所有制、基本经济制度、供求、生产、流通、分配、国内国际循环、全球化、"一带一路"倡议、人类命运共同体等范畴在内的经济学体系。"允许一部分人、一部分地区先富起来"有其科学的理论依据，是尊重经济发展规律的客观要求，是现阶段中国国情的客观要求，是社会主义市场经济的客观要求，是被实践证实了的科学理论。不平衡、不充分的发展是发展质量不高的表现，要解决我国社会的主要矛盾，必须推动高质量发展。

改革开放后，珠三角、长三角、京津冀等地区快速进入经济高速增长轨道，带动中国经济走向腾飞。与此同时，地区发展差距问题开始凸显，我国东中西部差距大幅拉大。"东数西算"是供需失衡下的算力资源优化配置战略，将东部的数据流动到西部存储、计算，指导"算能"西移，通过数据流引领带动资金、人才、技术等要素重新配置，不仅有助于打通我国东西部数字经济的大动脉，更有助于形成以数据为纽带的东中西部区域协调发展新格局。

"东数西算"是新一代信息技术的创新实践

科技崛起的路径都是从经济崛起到科技赶超、从技术引进到原始创

新。目前世界上只有不超过30个经济体实现了创新驱动发展，90%的国家依然依靠资源、劳动、资本的堆积发展经济。科技创新具有乘数效应，不仅可以直接转化为现实生产力，而且可以通过科技的渗透作用放大各生产要素的生产力，提高社会整体生产力水平。

"共同富裕"视角下的科技创新行动必须着力于提高经济社会发展品质，打造全民创新体系，推动绿色创新，共享科技资源，促进高水平区域协调协同创新。针对行业应用对于计算、连接、安全的综合需求，"东数西算"通过高质量直连网建设，将东部经营活动海量数据输送到西部有绿色能源的数据中心处理。通过数据中心间的互联，优化数据中心网络流调度、容器的标准化算力调度实现异构计算的云原生支撑，从而优化存量网络，为增量应用做好适度的基础资源匹配。

"东数西算"是实现高质量发展的良好基础

百年未有之大变局从底层改变了我国以空间扩张和"基建—土地—债务"为主导的城市化建设模式。"东数西算"是国家信息化第十四个五年规划中统筹基础设施建设的重要组成部分，也是加快区域创新的内在动力，将助推国内大循环形成。我国当前加快推进"共同富裕"的过程正值数字经济快速发展的阶段，而高质量发展的核心需求之一就是协同发展，即从核心能力到产业驱动。"东数西算"将带动西部本地有优势的产业在本地消化，比如能源产业，并拉动西部产业转型、发展。东西部将通过数据互动并合理分配，保证数据的时效性和价值。

"东数西算"与数字经济、"双碳"、"共同富裕"之间的关系

"东数西算"是数字经济建设短期的科学技术手段

在数字经济发展速度不断加快的背景下，作为算力效能持续发挥的关

键投入要素，数据已成为各国国际竞争力提升的先决条件。从宏观角度看，我国人口总量、制造业规模及信息化基建设施均遥遥领先于他国，具有完备的产业链体系，是名副其实的数据资源大国。为不断做强、做优、做大我国数字经济，党的十九届四中全会增列数据为新的生产要素，数据要素将在推动数字经济发展的过程中扮演重要角色。数字经济的发展离不开算力的供应，通过"东数西算"可以缓解东西部算力供需不平衡问题；通过多云算力资源统一管理，可为分布式部署应用提供统一管理控制能力，为单节点算力资源突破瓶颈提供支撑能力，使应用可以调用全局算力资源，从而有效提升算力节点的利用率。

"东数西算"不仅构建了全国数字经济大动脉，还搭建了数字产业化与产业数字化的桥梁。在中心节点、边缘节点算力布局的基础上，边缘通用一体机、边缘AI一体机、端计算网关等入驻式算力形态将呈现爆发式增长，通过算力资源管理平台实现异构技术栈快速纳管，从而贯通云边端立体化资源多级管理。以数据中心实现要素驱动，以协同机制实现资源驱动，以科技创新实现产业驱动。

"东数西算"是"双碳"产业长期的载体驱动

"东数西算"为"碳达峰"量化指标制定提供了参考，也是"碳中和"过程的重要组成。过去几年，许多物理学家发现，使用计算机造成的"碳足迹"数量巨大——有时甚至超过航空旅行。根据中国电子技术标准化研究院发布的《绿色数据中心白皮书》，2018年全国的数据中心耗电量达到1608.89亿千瓦时，占我国全社会用电量的2.35%，已超过上海市当年全社会用电量。推动大数据中心建设与"双碳"改造有效结合，可保障全国一体化大数据中心协同创新体系构建起好步、开好局。根据此前发布的方案，到2025年，全国新建大型、超大型数据中心平均电能利用效率（PUE）要降到1.3以下，国家枢纽节点进一步降到1.25以下，绿色低碳等级达到4A级以上。为确保实现"双碳"目标，需要在数据中心建设模式、技术、标准、可再生能源利用等方面进一步挖掘节能减排潜力，处理好发展与节能的关系。

国家枢纽节点和数据中心集群建设将扩大绿色能源对数据中心的供给，推动数据中心绿色高质量发展。结合"双碳"政策，以数据中心为主开展"碳达峰"量化指标的科学制定，以2020年为例，数据中心用电量占全社会用电量的2.7%。同时以数据中心为主体采用多种再生能源技术，也是助推"碳中和"的主要方式。

"东数西算"是"共同富裕"长周期的政策自我良性闭环

"东数西算"是科技创新助力"共同富裕"的重要手段和实践路径。在实现共同富裕的进程中，区域科技创新具有新的战略定位、新的使命担当、新的创新要素组合和创新体系结构。共同富裕的实现离不开科技创新战略与科技创新体系的有效支撑，科技创新是共同富裕实现路径的出发点和落脚点。要引入合理的市场化机制，开展更加广泛的区域合作。民营企业发展和市场化带动的城市化可以缩小地区之间的收入差距。按照结构主义定义将产业进行分类，从而进行激励再分配。"东数西算"遵循了新结构经济学的两个特点"禀赋结构、有为政府"，能够推动减小城乡差距。

"东数西算"与数字经济、"双碳"、"共同富裕"之间的融合发展

构建新发展格局，"东数西算"统筹基础设施，谋求数字经济协同发展

数字经济的诞生和崛起，改变了国民经济的生产、消费和分配方式，重构了全球产业发展格局，给全球经济社会发展注入了新动能。我国"十四五"规划纲要首次提出数字经济核心产业增加值占GDP比重这

一新经济指标，明确要求其比重要从2020年的7.8%提升至10%。要构建智能泛在的AI模型训练平台，实现算力资源泛在接入使用，为域内科研机构、科创企业等机构提供算力服务。同时，在自然语言处理、视觉图像等领域进行大模型通用任务训练，整合尽可能多的数据，汇聚域内大量算力资源，通过算力调度并行策略，实现计算和通信的整体迭代时间最短，解决AI模型规模复制、产业化的痛点。要坚持发展与安全并重，加强原创性、引领性科技攻关，包括但不限于"东数西算"、超算中心、算力网络等方向。要加快推广隐私计算、联邦学习、多方安全计算等算力服务安全解决方案。在算力网络构建分布式隐私计算平台，实现隐私计算安全求交组件、多方安全计算组件、联邦学习组件、加密算法组件分布式调度部署，满足不同客户多样化对接需求，在保护数据隐私的基础上实现多方数据的融通应用。要与产业界、学术界合作，挖掘典型场景、细分行业需求，联合高校等进行关键技术原型试点验证。要聚焦国家所需、企业所能、行业所盼、技术所向，加快形成一批标志性成果。以概念的清晰界定促进产业发展规律的探索以及规律的初探，支撑技术路径的稳步实现，通过打造全新商业模式和实现服务创新，形成新的算力服务模式。

明确新发展阶段，"东数西算"助力"双碳"实施，绿色能源实现生产降本

某些地区和领域片面强调发展低碳产业、削减高碳产业，可能不利于"打造自主可控、安全可靠的产业链和供应链""保持制造业比重基本稳定"等"双循环"产业目标的实现。"东数西算"除了要发挥西部资源潜能，同时还要平衡东西部数字经济发展。充分发挥西部资源禀赋，优化数字基础设施布局，实现高效、低碳的目标。在确认应用场景上，要将业务需求和网络时延两者关联。现阶段应以实现"双碳"目标为内在要求，以省内业主单位实现降本增效为基本面，聚焦冷数据的（医疗影像、公安视

频）场景落地，打造应用示范，精准测算碳排放量，为科学制定"双碳"目标提供量化参考。

贯彻新发展理念，"东数西算"传递数改成果，输送价值走向共同富裕

围绕"东数西算"助力共同富裕的底层逻辑和打通东西部数字经济发展"大动脉"的思想，积极开展应用创新，推动区域内外形成同频共振、融合共生的发展新理念。要以融通国内大循环体系为主线，以融入全国数字化布局为基本形式，"政府+企业"共同发力，在树立新发展理念中谋求新的协同机制，在新的发展阶段输出浙江经验和智慧，以期就新的协同机制达成共识，实现多方主体利益均衡和社会效益最大化。要以技术创新为出发点，以科学求实为落脚点，探索算力服务的理论研究、关键技术、产业应用，联动上下游企业共同打造标杆示范。

要以应用突破为首要任务和技术方案输入。在3G到4G转换期间，运营商丢失了广阔的业务应用市场，到了5G阶段，或者说算网发展阶段，应针对通用和专用的应用开展有组织的研究，这是重中之重，因为最终向客户交付的是贴合实际需求的整体方案叠加丰富的应用，而不是单薄的网络能力。在前期规划阶段，"东数西算"主要面向的就是新增业务需求，而元宇宙作为当下信息化发展的另一高度，其热点和市场的传播面还在持续扩大中。基础研究与应用研究的成功耦合才能解决当下"东数西算"发展的主要矛盾。同时必须明确，通用目的技术只是扮演使能者的角色，它不直接为其他行业带来生产率的提高，而是为这些行业提高生产率的创新活动打开了机会之门，因此，挂钩产业链商业才是基本途径和主要载体。

从国家层面讲，"东数西算"对于提升数字经济所需的算力水平、实现"双碳"目标、助力东西部协调发展、促进共同富裕等具有重大的战略意义。要进一步形成"东数西算"与数字经济、"双碳"、"共同富裕"的内在联系，以期为"东数西算"确立全面、协调、可持续的发展观。政府

科技前沿课：算力

与产业要重视视角解读和优先环节的选择、任务的统筹部署、资源的优化配置等，依托政府层面的系统谋划进行合理分工，谋求协同推进。要充分发挥数字技术赋能效应，进一步为实体经济的现代化和低碳化转型、为实现共同富裕打造坚定的物质基础。

肆

「东数西算」：为经济高质量发展注入新动能

"东数西算"赋能数字化经济高质量发展的耦合路径

潘姗姗　李靠队

在数字技术不断普及的趋势下，传统的产业体系已无法适应现有的经济水平，通过"东数西算"工程构建一体化的新型算力网络体系将作为协调东西部经济高质量发展的重要立足点。本文从国家战略、产业体系和技术创新三个角度解释"东数西算"推动数字经济高质量发展的理论框架。通过分析"东数西算"实施的现状，指出其发展中存在的不足。最后阐释"东数西算"推动数字经济高质量发展的耦合机理，提出促进数字化经济高质量发展的耦合路径。

在数据经济时代，算力正逐步成为新兴的核心生产力。党的十九届四中全会提出将数据作为全新生产要素。"十四五"期间我国经济社会转型

作者单位：江苏大学财经学院。

的核心推动力为数据。中国科学院计算技术研究所于2018年提出算力经济的概念，指出衡量一个地区数字经济发达程度的代表性指标和新旧动能转换的主要途径将是以计算为核心的算力经济。算力发展赋能数字经济的作用较为明显，据中国信息通信研究院测算，在算力中每投入1元，将带来3—4元经济产出；算力发展指数每提高一点，GDP将增长约1293亿元。这一项大规模的新基建，具有广阔的经济发展前途。随后，国家推出"东数西算"工程，它与"西气东输""南水北调"等工程原理相似，是将算力资源跨区域调配，通过算力资源跨域流通、统筹利用解决"东部不足、西部过剩"的不均衡局面，带来东西部地区的产业联动及优势互补，从而促进西部数字经济建设、提高东部数字经济的发展质量，最终形成数字化经济的高质量协调发展。

一、"东数西算"推动数字经济高质量发展的理论框架

（一）国家战略角度："东数西算"是推动区域经济协调发展战略的重要基础

我国数据中心分布大多以粤港澳大湾区、京津冀、长三角等经济人口较为发达的区域为主，此类区域用户规模比较大、应用需求较多、互联网骨干节点较密集。截至2021年底，北京、上海及周边的数据中心设备数量分别位列第一、第二。随着"东数西算"工程的开展，我国在京津冀、长三角、粤港澳大湾区、成渝、内蒙古、贵州、甘肃、宁夏等8地启动建设国家算力枢纽节点，并筹划了10个国家数据中心集群，目的是用数据中心的一体化带动各经济区域间的数据要素流通，从而实现数字经济协调发展。习近平总书记深刻指出，我国经济发展的空间结构正在发生深刻变化，中心城市和城市群正在成为承载发展要素的主要空间形式。我们必须适应新形势，谋划区域协调发展新思路。新改革形势下，我国需要按照客观的

经济规律，促进区域经济协调发展、调整完善与区域经济相关的政策体系、发挥各地区显著优势、促进各类要素合理活动和高效聚拢，从而增强经济创新活力，加快构建经济高质量发展的动力机制，形成优势互补、高质量发展的区域经济布局。

（二）产业体系角度："东数西算"是优化产业经济体系的重要路径

算力资源的统筹利用、数据中心的一体化使传统产业体系通过数字技术正加速提质升级，也侧面展示了我国构建现代产业经济体系的进程。自发展数字技术以来，我国数字产业化发展迅速，2012年至2021年数字经济规模从11万亿元增长到超45万亿元，数字经济占国内生产总值的比重由21.6%提升至39.8%。从数字产业化角度来看，数字经济发展将会推动产业提供更加先进的数字技术、产品、服务、基础设施和解决方案。并且，我国第三产业对软件服务、数据服务等的需求日益增长，均加速了数字产业化的进程。从产业数字化角度来看，更多产业可以借助数据中心一体化所提供的数字资源建立数字平台而打破其原有的发展限制，完成转型升级。因此，现代产业经济体系对数字技术的要求更高，"东数西算"工程将在更大的广度及深度上满足其需求，是我国实现并完善现代化产业经济体系的刚需。

（三）技术创新角度："东数西算"是缓解我国算力资源分布不均衡局面和数字经济发展空间严重受限的根本方法

同我国水资源、电力资源的不均衡相同，"东数西算"工程针对的资源调配是数字经济的核心生产力即算力。东部地区的市场逐步呈现出供不应求的趋势，各生产要素已达到基本成熟阶段，需要寻求新的增长点。西部地区可再生能源丰富、运营成本较低、气候条件适宜、具有绿色发展潜能。自开展"东数西算"工程以来，我国在西部如贵州、内蒙古、甘肃、宁夏等地建立数据中心集群，各大运营商、互联网企业逐渐将对算力要求较低的业务向西部地区转移。华为、阿里巴巴等在内蒙古设立数据中心；苹果、腾讯等在贵州设立数据中心；中国电信、中国移动、中国联通等在甘肃地区建设大型及超大型数据中心，均体现了数据中心布局正走向供需协调、综合能效优化的更高层次。同时，"东数西算"工程将突破当前数字经济发展空间所受的限制，在一体化的格局下，将实现对数字技术有更高要求的应用场景并使其综合成本最优。未来，数据中心运营的人才需求将会大量增加，人才是数字化转型的关键，"东数西算"工程可以培育更加优秀的技术人员，从而加速数字经济高质量发展的进程。

二、"东数西算"发展中所面临的问题

（一）数字基础设施较少，数据流通较差

由于数字经济在国内起步较晚，"东数西算"工程于2022年刚开始启动，所以新型的数字基础设施缺乏一定的建设规模，我国的数据中心大多分布在东部经济发达地区的周边，近几年才开始将数据中心向内部延伸，不仅是区域之间存在基础设施的差异，城乡之间的差异更为明显。此外要满足数字经济协调发展的目的，需要算力与网络的大规模融合，形成算网一体化，才能真正实现数据跨域流通的活动。但是传统运营商网络的布局是以本地需求为导向，因此西部地区布置的网络中心相对不足，难以通过算网一体化承接东部丰富的数据储蓄，也就导致东西部地区的数据流通较差。

（二）单一的指导方针，缺乏多元化治理

在我国实施"东数西算"工程时，许多城市都抓住机遇并相继出台一系列相关的指导方针、行动指南、解决方案等，但存在大量同质化现象，只单一地遵从政府给出的发展建议及主导政策，虽然有利于政府的统一管控，但缺乏各地区的多元化治理，忽略了各地区自身的发展优势及特色。

各地区的国民生产总值、创新能力、经济发展水平均存在差异，尤其是东西部地区，如果一味地抓住政府出台的"红利"，不因地制宜地根据各地区的实际情况出台方针，制定数字经济下地区发展的规划，会得不偿失，最终使地区发展滞后。

（三）产业创新存在差异，数字技术应用不足

《中国区域数字化发展指数报告》指出，数字基础设施分项指标第一方阵均为东部地区，其数字基础设施比较完备，数字技术应用和创新水平都比较高；西部地区的数字基础设施仍有待完善，数字技术应用和创新水平相对滞后。尽管提出了数字产业化和产业数字化的要求，但数字技术应用并不广泛。例如，部分中小型工业企业规模较小，而数字化技术应用的成本较高，由于缺乏一定的启动资金和补贴，大多选择传统的产业链生产模式。根据第三次农业普查数据显示，全国98%以上农业经营主体仍是小农户。而小农户的特点就是家庭生产，依靠传统的劳动力，而非数字技术的应用，他们缺乏财政金融的大量支持，农业转型升级仍有很长的路要走。不同于前两个产业，得益于互联网的发展，服务业的数字化水平一直在显著提高，服务业已成为推动数字经济发展的主要动力。

（四）地方政策有待完善，数据平台监管宽松

截至目前，我国数字治理体系的制度设计和监管体系仍存在一定的不足，关于数据安全、数据知识产权、数据隐私方面的法律法规不够完善，地方保护数据资源、不对外公开数据的现象时常发生，数据无法在"东数西算"工程背景下发挥流通共享的内在价值。大量数据被地方囤积而产生数据滥用、信息泄露、"数据孤岛"、"数据烟囱"等现象，阻碍区域间协调发展。另外，数字平台监管过于宽松，目前相关的监管制度建设和监管理念均存在一定的欠缺，导致了不公平的竞争。因为拥有着巨大的用户规模数据的企业会成为数字寡头，形成数据的垄断。这种现

象不仅会损害消费者权益、降低竞争水平，而且会使数字寡头收入过高，使收入分配不均，进而阻碍区域间协调发展。尽管国家为促进各地区协调发展，提出了"东数西算"工程，但对于不发达地区，却存在"数字歧视"的现象。因此，数字经济发展的地方政策有待完善，数据平台的监督也要加强。

三、"东数西算"协调数字经济高质量发展的耦合机理

（一）加速数据供需平衡，有序调配数据资源

数字经济的发展离不开市场，想要在市场上取得进步与长久发展，首先就要实现供需平衡。从2021年发布的全国不同区域的数据中心分布来看，东部地区仍位列第一，华东、华南分别为第二、第三。中西部地区数据存量、新增数据中心的规模依旧偏小。利用西部地区可再生能源丰富、运营成本低、具有绿色发展潜能的优势缓解东部地区土地资源、能耗指标紧缩的问题，可以逐步加速我国数据供需平衡的进度，从而使西部数据市场规模扩大，并不断提高消费者对市场所提供的数据质量的要求。同时，在以算力为基础的数字经济时代，区域经济协调发展战略应充分考虑新增入数据要素，"东数西算"工程打破了原有数据、资源、信息等要素的地区壁垒，数据要素在区域间的流动和一体化的动态发展趋势将成为促进区域间功能集聚、承载区域发展战略的重要载体。

（二）降低地区间数字产业化、产业数字化差异

数字产业化、产业数字化作为数字经济核心组成部分，与经济高质量发展存在密不可分的联系。过去传统产业主要依靠资源与劳动，以劳动密集型为特点，所产生的附加值较低；现代产业更多地依靠资本、技术及知识，以技术密集型为特点，附加值较高。在"东数西算"工程的实施下，

西部逐渐增加数据中心的建设，以此来承接数字化产业如生产各类数字产品及设备、提供各类数字金融服务等。同时，算网一体化、算网融合为全国数据中心提供了互联网发展平台，西部地区可以通过数据平台，从局部到整体对产业的生产链进行自动化革新、数字化转型、智能化改造。可见，"东数西算"能够有效缩小地区间数字产业化、产业数字化差异。

（三）激发数字技术创新，实现绿色可持续发展

要发展高质量的数字经济，加快推动数字产业化、产业数字化、传统产业转型、新产业新业态新模式的升级，信息技术的创新占据着重要的地位。"东数西算"为国家培育数字化高技能人才、创新数字技术提供了强劲的动力，加强了对关键技术产品的研发支持和规模化应用。我国数字经济发展之所以取得显著成就，绝对离不开数字人才队伍的技术创新。同时，经济高质量发展的另一个重点是绿色发展，在"碳达峰""碳中和"的背景下，"东数西算"的显著优势是充分利用西部地区清洁能源，扩大绿色低碳技术的应用，鼓励数据中心节能降碳、可再生能源供电等技术创新和模式创新，最终实现绿色可持续发展，进一步提升数字经济发展的质量。

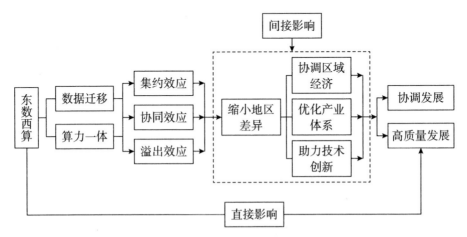

图1 "东数西算"协调数字经济高质量发展的耦合机理

四、推动数字经济高质量发展的耦合路径

（一）国家层面

"东数西算"工程应当继续遵循"十四五"所提出的区域战略统筹机制，持续构建东西部一体化的新型算力网络体系，促进数据要素有序自由流动。深化东西部地区数据跨域流通的合作机制，加强边界地区合作。优化东西部地区的互帮互助机制，更好促进东部发达地区和西部欠发达地区共同发展。创新东西部地区政策的调控机制，积极引导地区政策支持，通过政府扶持产业等方式鼓励各地区发展数字经济以推动"东数西算"工程的进步。推进东西部地区政府数字政务化升级，例如一体化政务服务、"一网通办"、"最多跑一次"、"一网统管"、"一网协同"等服务管理新模式，提升在线政务服务水平。鼓励数字技术与各行业尤其是电商行业加速融合，支持东西部地区发展数字平台，开展在线学习、远程会议、网络购物、视频直播等生产生活新方式。

（二）产业层面

在数据资源跨域流通的条件下，加强东西部地区各类产业与数字的联系，构建现代化产业体系。积极推进数字产业化及产业数字化进程，统筹第一、第二、第三产业协调发展。一是继续推进东西部工业数字化转型，支持企业开展生产线与技术绿色化智能化改造，重点打造一批数字化车间、智能生产线、智能工厂等来推动工业园区数字化转型。二是继续推进东西部农业数字化转型。打造数字技术和产品集成使用规范，开展线上农畜产品的营销活动，探索短视频直播带货、定制农业等基于网络智能化与绿色化的新的形态与模式。鼓励企业通过数字技术围绕特色产业开展深度融合应用的创新模式。三是深入推进东西部现代服务业数字化转型，更进一步推进数字商务发展，推动生活服务体系的数字建设，加快发展数字金

融。推动数字经济与实体经济深度融合，优化现代化产业布局，通过算力资源统筹利用解决"东部不足、西部过剩"的不均衡局面，带来东西部数字产业的联动及优势互补，提高数字经济增长质量。

（三）人才层面

人才是孕育出新兴技术的基础。在数字纪元，劳动者应具备专业的科学素养。联合国提出，数字素养与听说读写是同等重要的基本能力。随着"东数西算"工程的推进，我国应积极跟进数据中心一体化下的东西部地区数字人才跨域交流，其中包括对东部数据人才的引进与西部数据人才的培养。一方面，西部地区要完善人才引进机制，做好为数据人才服务的准备，其中包括税收、医疗、住房、保险、子女教育等方面普惠的政策，才可以为数字人才提供更好的文化环境和发展平台，并同时提高东西部地区的数字人才的就业率，提供更多的就业选择机会。另一方面，西部地区要强化人才培育机制。东西部地区应立足数据中心一体化所提供的资源共享优势，统筹利用人才资源，充分挖掘数字人才的潜力。围绕数字经济等领域展开学科创立，加快"高校、科研院所＋数据企业"的产学研深度合作模式转变，促进地方政府、企业、高校和科研机构之间的合作创新，推动建设"大数据信息产业研究院"等数字人才基地，培养"东数西算"背景下的数字科技人才，扩大高水平数字人才供给。

（四）基础设施层面

应建立与"东数西算"相对应的"国家数网"体系。一是加强统一管理，新型数字基础设施建设涵盖了广泛的业务，有必要以系统性方法论为前提，形成适应实际情况的具体计划，明确基础设施建设的重点。二是鼓励各大基础电信运营商、第三方数据中心服务商及大型互联网企业参与西部地区大规模数据中心建设。新型数字基础设施建设具有较高的技术要求，投资周期漫长，要着力发挥社会资本的作用，让更多的企业成为建设的主体，推动各个主体使用市场机制开展合作，加强资源的联合和共建共享，提高资源要素配置效率。其中包括优化改进电信基础布局、增加对西部大型数据中心的补助、促进制造业技术改造和设备更新以及支撑新型服务业和新经济等。

《商业经济》2023 年第 11 期

算力+:
赋能行业应用

我国算力稳步增长，算力赋能作用凸显

中国信息通信研究院

本文主要从算力规模、算力产业、算力技术、算力环境和算力应用等维度分析我国的算力发展水平，其中算力规模从基础设施侧和计算设备侧两个维度综合评估，更加客观、具象地描绘算力发展规模情况。

一、算力规模持续壮大，智能算力保持高速增长

从基础设施侧看，数据中心、智能计算中心、超算中心加快部署。随着全国一体化算力网络国家枢纽节点的部署和"东数西算"工程的推进，我国算力基础设施建设和应用保持快速发展，根据工信部数据，我国基础设施算力规模达到180 EFlops，位居全球第二。**一是数据中心规模大幅提升。**据《数字中国发展报告（2022年）》数据，截至2022年底，我国在用数据中心机架总规模超过650万架，近5年年均增速超过30%，平均上架率达58%，在用数据中心服务器规模超2000万台，存储容量超过1000 EB（1EB=1024PB）。电能使用效率（PUE）持续下降，行业内先进绿色数据中心PUE已降低到1.1左右，最低已达到1.05以下，达到世界先进水平。**二是智能计算中心加快布局。**根据中国信通院统计，截至2023年6月，全国已投运的人工智能计算中心达25个，在建设的人工智能计算中心超20个。地方依托智能计算中心，一方面为当地科研院所和企事业单位提供普惠算力，支撑当地科研创新和人才培养；另一方面结合本地智能产业发展需求，培

伍 算力＋：赋能行业应用

育人工智能产业生态，推进人工智能应用创新。如西安未来人工智能计算中心已为153家科研机构和企业、高校提供公共算力服务，累计培养人工智能产业人才超过1000人次；天津人工智能计算中心于2023年3月正式上线，将孵化高水平具备核心竞争力的科研成果，打造天津"智港"人工智能示范应用。**三是超算商业化进程不断提速。**我国超算进入以应用需求为导向的发展阶段，2022年我国HPC TOP100榜单前十名中有6台是由服务器供应商研制、部署在网络公司、提供商业化算力服务的超级计算机。随着互联网公司加大对超算的部署力度，我国超算主体逐渐由政府主导转向商业主导，应用从过去主要集中于科学计算、能源、电力、气象等领域转向云计算、机器学习、人工智能、大数据分析以及短视频等。新兴互联网应用领域对于大规模计算的需求急剧上升，超算与互联网技术的融合不断加速。

从设备供给侧看，我国算力规模持续增长。经中国信息通信研究院测算，2022年我国计算设备算力总规模达到302 EFlops，全球占比约为33%，连续两年增速超过50%，高于全球增速。**基础算力稳定增长**，基础算力规模[1]为120 EFlops，增速为26%，在我国算力占比为40%，其中2022年通用服务器出货量达到384.6万台，同比增长3%，六年累计出货量达到2091万台。**智能算力增长迅速**，智能算力规模[2]达到178.5 EFlops，增速为72%，在我国算力占比达59%，其中2022年AI服务器出货量达到28万台，同比增长23%，六年累计出货量超过82万台。根据预测，到2026年智能算力规模将进入每秒十万亿亿次浮点计算（ZFlops）级别。**超算算力持续提升**，超算算力规模[3]为3.9 EFlops，连续两年增速

---

[1] 基础算力规模按照我国近6年服务器算力总量估算。我国基础算力 = $\sum_{近六年}$（年服务器出货规模 × 当年服务器平均算力）。

[2] 智能算力规模按照我国近6年AI服务器算力总量估算。我国智能算力 = $\sum_{近六年}$（年AI服务器出货规模 × 当年AI服务器平均算力）。

[3] 超算算力规模主要是基于全球超级计算机TOP500、中国高性能计算机性能TOP100数据，并参考超算生产商的相关数据。

超过30%，其中2022中国高性能计算机TOP100中排在第一名的计算机的性能是上年的1.66倍，算力达到了208.26 PFlops，联想、浪潮、曙光以42台、26台、10台超级计算机位列国内前三。

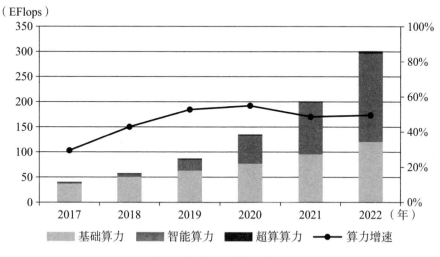

图1　我国算力规模及增速

来源：中国信息通信研究院、IDC、Gartner、TOP500、HPC TOP100

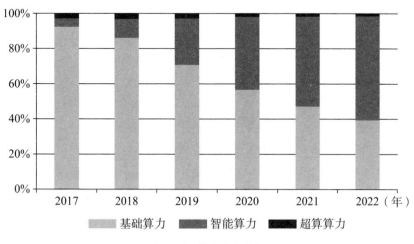

图2　我国算力内部结构

来源：中国信息通信研究院

二、供给水平大幅提升，先进计算创新成果涌现

算力产业加速壮大升级。经过多年发展，我国已形成体系较完整、规模体量庞大、创新活跃的计算产业，在全球产业分工体系中的重要性日益提升。当前，我国计算产业规模占电子信息制造业的20%以上，2022年我国以计算机为代表的计算产业规模达2.6万亿元，计算技术国内有效发明专利数量位列各行业分类第一，产业高质量发展新格局正加快构建。**一是**整机市场份额不断攀升。通用计算领域，根据IDC数据显示，浪潮、新华三、华为、中兴、宁畅排名我国服务器市场前五名，占国产品牌市场份额合计接近81%。智能计算领域，浪潮、新华三、宁畅排名我国人工智能服务器市场前三名，所占国产品牌市场份额达79%。高性能计算领域，我国超算系统占有量与制造商总装机量均保持全球领先。**二是**产业生态不断完善。国产芯片已初具规模，x86、ARM、自主架构CPU持续深化规模应用，百度、寒武纪等AI芯片加速迭代优化。国产操作系统逐步向金融、电信、医疗等行业应用渗透，鲲鹏生态、PKS体系等计算产业生态日渐完善，覆盖底层软硬件、整机系统及应用等关键环节。

算力创新能力不断提升。2022年我国计算机领域发明申请近两万件，先进计算领域涌现出一批创新成果。**一是**基础软硬件持续突破。科技公司加速GPU芯片、AI芯片自研，壁仞科技推出BR100系列GPU，单芯片峰值算力达到PFlops级别；天数智芯、沐曦、瀚博发布AI推理芯片，支持INT8、FP16等多精度计算能力和视频编解码等功能；我国首个开源桌面操作系统"开放麒麟1.0"正式发布，标志着我国拥有了操作系统组件自主选型、操作系统独立构建的能力。**二是**新兴计算平台系统加速布局。百度推出由AI计算、AI存储、AI容器三部分组成的百舸AI异构计算平台，具有高性能、高弹性、高速互联等能力。燧原科技发布针对人工智能算力应用场景的云燧智算机，集成AI加速硬件、管理平台及配套应用软件与服务，支持大规模并行训练和推理计算。**三是**前沿计算技术在实验和产业多维度突

破。南方科技大学联合福州大学、清华大学研究团队在量子纠错领域实现突破，通过实时重复的量子纠错过程，延长了量子信息的存储时间，相关结果优于无纠错编码逻辑量子比特。本源量子发布量子计算化学编程软件包pyChemiQ，可以帮助生物化学领域的研究人员通过量子计算的方式更快速地解决化学问题。我国推进"量子+经典"算力基础设施建设，国内首个量子人工智能计算中心太湖量子智算中心揭牌。

三、发展环境完善优化，网络体系保障数据流动

网络设施建设持续提升算力协同能力。2023年中共中央、国务院印发《数字中国建设整体布局规划》，强调"促进东西部算力高效互补和协同联动"。在国家政策引导下，围绕算力枢纽节点的网络设施开始构建，中国移动、中国电信、中国联通纷纷加快了400G全光网络建设，连接"东数西算"枢纽节点。算力协同能力逐渐增强，据统计，目前全国已发布或建设10余个算力调度平台，主要由基础电信运营商、算力枢纽节点城市的政府、企业及行业机构等主导建设。网络基础设施能力持续完善，截至2022年底，国内各省份平均互联网省际出口带宽达到51 Tbps，年增速超21%；已有110个城市建成千兆城市，5G基站数量达231.2万个，实现市市通千兆，县县通5G，村村通宽带；移动物联网终端用户数达到18.45亿户，我国成为全球主要经济体中首个实现"物超人"的国家。

算力投资出现小幅波动，预计仍将重回稳定增长态势。IDC数据显示，2022年我国IT支出规模保持2.3万亿元，同比下降0.2%。新冠疫情给供给侧企业的研发和生产带来一定程度的影响，造成技术升级减速，供应链紧张，项目实施周期拉长，整体上影响了IT支出。但是，当前人工智能、云计算、大数据等新一代信息技术仍处在与经济社会各领域加速渗透融合的阶段，产业数字化转型进程持续推进，工业企业"智改数转"加速落地，算力投资的核心驱动力并未减弱。以大模型技术为代表

科技前沿课：算力

的新兴技术更进一步抬高了人工智能研发与应用中对算力的需求，成为推动算力投资的新引擎，将进一步延续甚至增强IT投资增长趋势。

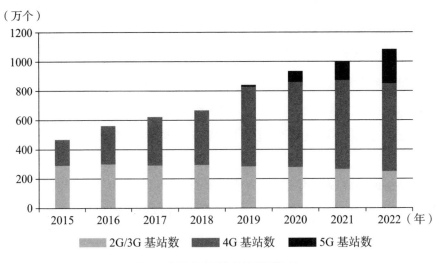

图3　我国移动通信基站发展情况

来源：工业和信息化部

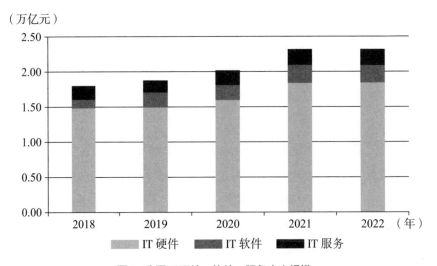

图4　我国IT硬件、软件、服务支出规模

来源：中国信息通信研究院、IDC

加快建设的数据资源体系为算力发展提供源源动力。数据是数字经济时代的重要生产要素，是人工智能技术发展的养分，是拉动算力发展与应用的助推剂。我国数据资源供给能力不断提升，根据《数字中国发展报告（2022年）》数据，2022年我国数据产量已增长至8.1ZB，同比增长22.7%，全球占比达10.5%，位居世界第二。截至2022年底，我国数据存储量达724.5 EB，同比增长21.1%，全球占比达14.4%。数据资源流通体系不断完善，全国一体化政务数据共享枢纽发布各类数据资源1.5万类，累计支撑共享调用超过5000亿次。我国已有208个省级和城市的地方政府上线政府数据开放平台。截至2022年底，全国已成立48家数据交易机构，较2021年新增6家，北京、上海、深圳等地加速探索数据交易与开发利用模式。

四、赋能作用深入发挥，数实融合发展潜力广阔

随着我国算力规模的持续扩大，互联网、大数据、人工智能等与实体经济深度融合，算力应用的新业态、新模式正加速涌现，一方面算力正加速向政务、工业、交通、医疗等各行业各领域渗透，成为传统产业智能化改造和数字化转型的重要支点。另一方面，围绕"大算力+大数据+大模型"，智能算力成为全球数字化转型升级的重要竞争力。

算力带动行业数字化转型和智慧城市建设加速深化。从应用领域看，我国算力应用已加速从互联网、电子政务等传统领域，向服务、电信、金融、制造、教育等行业拓展。在通用算力领域，互联网行业仍是算力需求最大的行业，占通用算力39%的份额；电信行业加强算力基础设施投入力度，算力份额首次超过政府行业，位列第二。政府、服务、金融、制造、教育、运输等行业分列三到八位。在智能算力领域，互联网行业对数据处理和模型训练的需求不断提升，是智能算力需求最大的行业，占智能算力53%的份额；服务行业快速从传统模式向新兴智慧模式发展，算力份额占

比位列第二；政府、电信、制造、教育、金融、运输等行业分列第三到八位。**从支撑能力看**，算力应用场景向工业制造、城市治理、智能零售、智能调度等领域延伸，激发了数据要素驱动的创新活力。"工业大脑"和"城市大脑"建设初具规模。"工业大脑"将工业企业的各种数据进行布局和融合，在上层构建工业数据中台，用智能的算法将数据的价值挖掘出来，实现数据采集监控、工业现场管控、设备智能控制等功能，快速提升工业制造水平。"城市大脑"通过对城市全域运行数据进行实时汇聚、监测、治理和分析，全面感知城市生命体征，辅助宏观决策指挥，预测预警重大事件，配置优化公共资源，保障城市安全有序运行，支撑政府、社会、经济数字化转型。以中文大模型为代表的办公生产力应用加速推进，2023年3月百度发布文心一言，4月华为发布盘古大模型，阿里发布通义千问大模型，商汤科技公布日日新大模型体系，5月科大讯飞发布星火大模型，多家上市公司亦开始布局，助力AI大模型产业化。

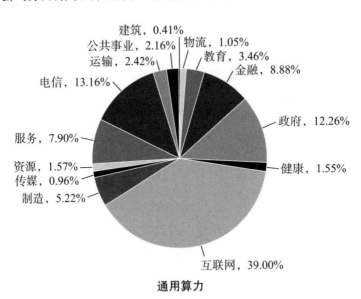

通用算力

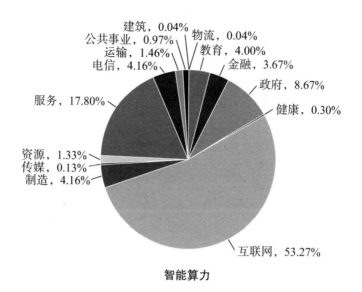

建筑，0.04%　物流，0.04%
公共事业，0.97%　教育，4.00%
运输，1.46%
电信，4.16%　金融，3.67%
服务，17.80%　政府，8.67%
健康，0.30%
资源，1.33%
传媒，0.13%
制造，4.16%

互联网，53.27%

智能算力

图5　我国各行业通用算力、智能算力应用分布情况

来源：中国信息通信研究院、IDC

算力助推信息消费与智能终端持续升级。一是移动数据流量消费规模继续扩大，用户数量快速增长。随着5G和物联网的规模建设及人工智能的应用普及，算力加速由云端向边侧、端侧的扩散，边端计算能力持续增长，推动高清内容、视频制播、AR导航、云游戏、智能家居等新兴应用的推广，进而促进移动数据流量的规模扩大和用户数量增长。2022年我国移动互联网流量实现快速增长，接入流量达2618亿GB，比上年增长18.1%，移动互联网月户均流量（DOU）持续提升，全年DOU达15.2 GB/户·月，比上年增长13.8%；11月当月DOU达16.58 GB/户，创历史新高。2022年我国移动电话用户总数16.83亿户，全年净增4062万户，普及率为119.2部/百人，比上年末提高2.9部/百人。其中，5G移动电话用户达到5.61亿户，占移动电话用户的33.3%，比上年末提高11.7个百分点。蜂窝物联网用户规模持续扩大，三家基础电信企业发展蜂窝物联网用户18.45亿户，全年净增4.47亿户。**二是智能终端算力提升成为新的增长需求。**手机、电脑等终端生成并存储了海量数据，终端侧私有数据和推理计算是终端应用能力的重要方向，可直

接运行在手机和电脑等智能终端上的私有化AI模型成为大模型时代的新需求，对终端的智能算力水平提出了更高的要求，推动终端产品计算方式的迭代升级。手机终端智能算力渗透率持续快速增长，华为、小米等手机厂商相继入局大模型，华为直接将大模型能力嵌入手机系统层面，HarmonyOS 4系统将得到盘古大模型的加持；小米已经成功在手机本地跑通13亿参数AI大模型。

五、算力拉动经济增长，数字经济发展动能强劲

算力推动我国数字经济蓬勃发展。数字经济时代的关键资源是数据、算力和算法，其中数据是新生产要素，算力是新生产力，算法是新生产关系，三者构成数字经济时代最基本的生产基石。全方位促进我国产业数字化和数字产业化，打造面向未来的数字经济高地，亟须海量大数据、高性能算力、高效能算法以及算网融合的强劲支撑。**数字产业化方面**，我国进入核心技术突破的关键时期。据《中国数字经济发展研究报告（2023年）》展示的数据，2022年，我国数字产业化增加值规模为9.2万亿元，同比名义增长10.3%，占数字经济比重为18.3%，占GDP比重为7.6%。算力作为数字经济核心产业的重要底座支撑，对上游软硬件产业的拉动作用日渐凸显，2022年全国电子信息制造业实现营业收入15.4万亿元，同比增长5.5%。软件业收入跃上十万亿元台阶，达10.81万亿元，同比增长11.2%，保持较快增长。**产业数字化方面**，产业数字化规模达到41万亿元，同比名义增长10.3%，占数字经济比重为81.7%，占GDP比重为33.9%。依托算力总量的持续增长和算力类型的不断丰富，以制造业为代表的重点行业加快数字化转型步伐，对数字经济的增长起到了关键作用，我国已培育全国具有影响力的工业互联网平台超过240家，其中跨行业领域平台达到28个，加速数据互通、资源协同。

算力发展为拉动我国GDP增长做出突出贡献。一方面，算力规模与经济发展水平呈现出显著的正相关关系，算力已成为数字经济时代的发动机。统计数据显示，2022年，我国算力规模增长50%，数字经济增长

图6　2016—2022年全球和我国算力规模与GDP、数字经济规模关系

来源：中国信息通信研究院

10.3%，GDP名义增长5.3%。与全球相比，我国算力对GDP增长的贡献突出，在2016—2022年期间，我国算力规模平均每年增长46%，数字经济增长14.2%，GDP增长8.4%；全球算力规模平均每年增长36%，数字经济规模增长8%，GDP增长4.7%。**另一方面，**算力带动产业结构、基础设施、技术创新、人才建设等各项拉动经济发展的因素共同迭代升级，促进数字技术与实体经济深度融合，形成新的经济增长点。"东数西算"工程初见成效，8个国家算力枢纽节点建设方案均进入深化实施阶段，起步区新开工数据中心项目达到60余个，算力集聚效应初步显现，全国一体化的算力网络体系正在逐步建立，将推动我国计算产业生态发展，形成数字经济新优势。

　　本文节选自中国信息通信研究院发布的《中国算力发展指数白皮书（2023年）》，原载于"中国信通院CAICT"公众号

算力＋：赋能行业应用　伍

高性能计算行业的应用及发展策略

陈世杰

社会经济与科技的迅速发展，促使高性能行业的应用范围不断扩展，对于高性能计算行业也有了更高的要求。因而高性能计算技术应加以创新，通过高效可行的应用方法，提高应用效果，促进高性能计算行业长久稳定发展。本文分析了高性能计算的应用发展现状，并阐述了高性能计算行业的应用及发展策略。

现阶段高性能计算被广泛提及，它凭借自身高技术以及高利润的优势，能够有效增强国家科技力量。因而加强高性能计算的应用，有效发挥其应用价值，不仅有利于高性能计算自身的完善与优化，对于其他行业发展也有着促进作用，有利于社会整体发展。

作者单位：联想集团有限公司。

一、高性能计算的应用发展现状

当下包括智慧城市、生命信息、网络安全以及石油化工等在内的各领域都需要进行密集计算以及海量数据处理，因而应注重高性能计算的应用。联想作为全球领先的高性能计算方案供应商，具备建设的高性能计算产品生态。现阶段，联想在制造、生命科学以及教育科研等行业的高性能计算解决方案已经十分成熟与领先，给行业变革提供了源源不断的推动力。

1.1 智慧城市

智慧城市通过传感器对数据进行收集，并传输至高性能计算平台中，运用集成处理，为居民生活以及城市决策等方面提供服务。然而由于收集到的数据规模不断扩大，因而智慧城市对数据处理技术方面的要求也在不断提高。怎样在诸多非结构化视频数据内将目标信息挖掘出来，依然是视频信息处理的关键以及难点。5G技术有效提高了传输速度，增加了接入终端的数量，有效缩减了延时时间，同时对实时计算提出了更高要求。高性能计算是智慧城市应用与发展的关键和核心技术，因而该技术也遇到了全新的挑战与发展契机。

1.2 生命信息

其一，基因数据。随着高通量测序技术的不断发展与完善，基因数据呈现爆炸式增长。但是DNA内信息较为复杂，导致其对数据分析算法有着更高的要求。在基因组预测以及分析的过程中，机器学习有着广泛的应用范围，如预测疾病表型以及识别剪切位点等。机器学习还能够用于癌症诊断、流行病以及遗传等方面，并有着良好的发展空间。现阶段，大多数问题的预测能力未能满足应用预期要求，也未能透彻认识到这部分抽象模型的具体解释。想要将机械学习的效能有效发挥出来，高性能计算还应对机械学习模型进一步进行研究与探索。

其二，蛋白质结构。对于蛋白质而言，高性能预测及设计有利于对蛋白质进行透彻了解。蛋白质作为所有生命系统的基础，能够发挥生物功能，离不开其对特定3D结构加以折叠。在3D结构解析方面，核磁共振及X射线等实验方法成本较高，因而如何自动且准确地对蛋白质特定折叠进行计算，仍需结合高性能计算不断深入研究。

1.3　网络信息安全

只有确保网络信息安全，才能为保护国家信息安全奠定坚实基础。对于网络信息安全，高性能计算也有着广泛的应用范围。

其一，网络靶场。网络靶场是通过网络技术以及信息安全构想等创设出定性、定量评估环境，有着可靠性以及可操作性强等优势。现阶段，网络靶场在英国、日本以及澳大利亚等国家得到了广泛应用。基于网络靶场一般需支持各安全等级环境之中的网络侦查、防御以及攻击测试等，靶场应能够扩展虚拟节点，形成大量测试阶段。

其二，隐私保护。随着大数据时代的深入发展，人们对隐私保护的重视程度不断提高。由于大数据技术是把"双刃剑"，研究人员能够运用大数据技术将数据内在关联挖掘出来，给决策提供有力的数据支持。但是，网络攻击者也会通过数据间联系加以运用以及分析，从而打破数据隐私。比如，在治疗患者的过程中，网络攻击者能够运用社保以及消费记录等对患者信息加以推断，严重威胁患者隐私。因此，高性能计算应注重数据隐私保护，提高保护力度与效果。

1.4　石油化工

对于石油工业而言，高性能计算有着广泛的应用范围，如数据处理以及油藏模拟等。其中，石油地震处理系统对计算环境以及运算性能等方面有着较高要求，主要是因为石油行业数据较为庞大与复杂。基于行业现阶段对高性能计算价格以及环境性能的要求，地震数据处理应用系统应具备下述几个特点。

其一，该系统通过计算机集群系统，提高了处理中心的实际计算能力，能够有效满足特殊地震处理算法的实际需求，有利于压缩成本。其二，在采集技术优化以及地震数据量增加的影响下，企业计算环境中心应由服务器变为存储器。其三，该系统因计算能力需求，应注重创新高性能计算方法以及技术的推广。

联想集团设计了HPC方案，能够有效地对地震数据进行处理。该方案节点系统通过联想刀片服务器来进一步提高超强计算能力，进而完成对地震资料处理的计算任务。对于网络系统，监控网以及管理网均为联想千兆以太网，计算网络为线速万兆以太网或者InfiniBand网络。存储系统则运用了DSS-D/ DSS-G系统，系统软件为联想LiCO高性能计算平台。

二、高性能计算行业的应用及发展策略

高性能计算行业应结合实际情况，探究出恰当的策略，促进自身的应用与发展。

2.1　注重核心技术融合

高性能计算应用的核心为算法以及模型，还有应用环境的优化，如编译系统以及科学计算可视化等。相关研究显示，美国能源部的计算平台系统相对先进，然而硬件投资未超过总投入的六分之一，主要预算都在物理建模和软件研制等方面。

现阶段，社会已经逐渐趋于智能化以及信息化，此过程离不开计算的支持。目前，诸多先进技术被研究出来并得以广泛应用，如云计算、物联网以及认知计算等，特别是人工智能及高性能计算的融合逐渐变为一种发

展趋势。探究出有效的措施，将这些技术应用在高性能计算中，有利于给重大科学问题的研究与处理提供源源不断的动力。在高性能计算行业的发展过程中，注重模型以及核心算法的融合至关重要。

2.2 促进应用软件发展

高性能计算中的高端以及创新技术能对下游产业产生巨大影响，因而欧盟以及美国等都注重这方面人力、资金等的投资，促使技术一直保持领先地位。然而现阶段，我国大型计算应用软件主要来源为国外进口，软件的自主研发程度较低。例如，大气科学以及材料科学大部分应用的是国外开源软件，计算流体力学大部分应用的是国外商业软件。

在高性能计算方面，我国在开发软件方面的资金投入占比略超10%。应用场所以科研院所与高校为主，应用领域大部分为工程计算及数据分析等。因而我国应加强应用软件的自主研发，加强人力、物力以及财力的投入，有效增强研发效率与效果，批量生产自主研发软件，为高性能计算应用创设广阔的空间。

2.3 重视人才培养

任何行业发展的第一动力都是人才，高性能计算也不例外，因而我国应注重人才培养以及引进。一方面，我国应革新现阶段大部分应用发展的形式，使软件研发人员、科学家等多方深度合作，对合作模式加以完善与创新。另一方面，我国应注重应用以及技术等层面问题，有效提高高性能计算的研究与应用水平，为其发展与应用提供有力的人才支持。

三、结语

总而言之，高性能计算有着不断扩展的应用范围，然而我国高性能计算实际应用水平仍有较大的发展空间。因此，我国应注重高性能计算软件以及硬件环境一体化发展，为高性能计算应用和发展奠定坚实基础，给高性能计算行业提供源源不断的发展动力，充分发挥高性能计算的价值，促进我国科技以及经济健康可持续发展。

《华东科技》2022年第9期

伍

算力＋：赋能行业应用

应用赋能，推进绿色算力走进千行百业

石 菲

随着全球对可持续发展的追求不断增强，绿色节能已经成为当今社会的重要议题。人们越来越关注环境保护和资源可持续利用，并推动着各行各业寻求更环保、高效的解决方案。

绿色算力赋能各行各业

通过应用绿色算力，制造业不仅可以实现节能减排和资源利用优化，还可以实现智能化生产。例如，利用智能监控和数据分析技术，优化生产线运行，减少能源消耗和废品产生。同时，借助物联网和人工智能技术，实现设备的远程监控和故障预警，提高生产效率和可靠性。比如在工业制造领域，山东钢铁集团有限公司与国家超级计算济南中心联合成立的先进钢铁材料数字化研发云平台，通过先进算力一举破解了"猫耳形"痛点。"猫耳形"缺陷是指新型超深冲钢家电面板在热轧生产中，板材两侧会轻

石菲系《中国信息化》记者。

微凸起的现象。为攻克这一缺陷,山东钢铁集团有限公司连续投入了近百万元,却收效甚微。为此,山东钢铁集团有限公司与国家超级计算济南中心联合成立了先进钢铁材料数字化研发云平台,通过先进算力一举破解了"猫耳形"痛点。在解决了"猫耳形"缺陷之后,先进钢铁材料数字化研发云平台持续发力,持续为其他行业带来全流程的改变。目前,国家超级计算济南中心打造的工业仿真云平台已经为中车四方车辆有限公司、中国重型汽车集团有限公司、山东钢铁集团有限公司等工业领域企业提供产品设计、云端CAE仿真、数据汇聚分析、研发数据管理等服务,深度支撑制造业创新。

在智能网联汽车领域,绿色算力也发挥了支撑作用。智能网联汽车不仅需要先进的硬件和功能,还需要强大的智能绿色算力来支撑各种功能和决策的实现。5G车联网、自动驾驶、智能语音控制、人脸识别等功能,需要放置大量传感器对海量信息进行实时分析,需要强大的智能算力进行支撑。有一些车企采用的"重感知"方案,利用集合摄像头、激光雷达、毫米波雷达等硬件组合,加上深度学习模型将多个传感器的感知结果拼接,得出与高精度地图近似的结果,摆脱了对高精地图的依赖。这表明智能汽车行业正加速进入一个以强大算力为基础的时代,通过智能绿色算力的支持,智能网联汽车能够实现更高级的功能和更精准的决策,推动行业的迅速发展。

除了制造行业,绿色算力在能源行业的应用也非常广泛。通过智能化的能源管理系统,可以实现能源消耗的实时监测和分析,精确控制能源的使用和分配。同时,结合大数据和人工智能技术,能源行业可以进行智能电网的建设和管理,优化能源供需平衡,提高能源利用效率。

绿色算力还可以应用于农业领域,提升农业生产的效率和可持续性。通过使用智能农业技术,如农业物联网、无人机和传感器等,可以实现精准农业管理,减少农药和化肥的使用量,提高作物产量和品质。此外,结合气象数据和数据分析技术,可以提前预测自然灾害和疾病传播,为农业生产提供科学的决策支持。

在建筑领域，绿色算力可以应用于建筑能源管理和智能家居。通过数据分析和建模技术，可以实现建筑能源消耗的监测和优化，提高建筑的能源利用效率。同时，结合人工智能和物联网技术，可以实现智能家居的控制和管理，提供舒适、节能的居住环境。

绿色算力五大发展趋势

绿色算力的应用趋势正在逐渐增长，具有以下五个方面的发展趋势。

第一是实现能源效率的提升，绿色算力的关键目标之一是降低能源消耗，随着技术的进步和创新，绿色算力解决方案正在不断提高能源效率，通过优化算法、硬件设计和数据中心管理等方面实现能源消耗的最小化。

第二是可持续发展。绿色算力解决方案致力于减少计算对环境的影响，采用可再生能源、优化散热设计、提高设备利用率等手段来推动可持续发展，实现低碳和环保的计算环境。

第三是有利于边缘计算的兴起。边缘计算是指将数据处理和存储推向网络边缘，接近数据源的计算方式。绿色算力在边缘计算方面具有潜力，可以减少数据传输的延迟和能源消耗，提高计算效率，适应日益增长的边缘计算需求。

第四是提升智能建筑与智慧城市发展水平。通过绿色算力解决方案，可以实现智能能源管理、智能交通系统、智慧灯光控制等功能，提升建筑和城市的能源使用效率和可持续发展水平。

第五是支撑数据中心优化升级。通过优化数据中心设计、能源供应和设备管理等方面，绿色算力解决方案可以降低数据中心的能耗和碳排放，实现更高效的数据处理和存储。

总的来说，这些趋势将推动绿色算力在各个领域的应用和创新，为构建更可持续、智能化的数字未来做出贡献。

综上所述，绿色算力的应用在推进可持续发展和赋能各个行业方面具有巨大潜力。通过绿色算力在制造业、能源行业、农业领域和建筑业等领域的应用，可以实现资源的高效利用。然而，在推动绿色算力的应用过程中，也需要关注数据安全、技术创新和人才培养等方面的情况。只有通过各方的共同努力和合作，才能推动绿色算力的广泛应用，为可持续发展和绿色经济的实现做出贡献。

《中国信息化》2023年第7期

推动"东数西算"与金融高质量融合发展

边　鹏

　　"东数西算"为我国隐私保护技术走在国际前列提供了新的数据训练资源，建议金融机构保持对隐私保护技术的长期投入，以人民银行金融数据综合应用试点为契机，持续跟踪并研发隐私保护技术，加快解决隐私保护技术中的不可能三角问题，积极研究并保持与监管的良性沟通，不断提升金融机构对数据风险的把控能力。

　　2022年3月，十三届全国人大五次会议报告提出实施"东数西算"工程（以下简称"东数西算"），标志着"东数西算"正式全面启动。"东数西算"是指通过构建数据中心、云计算、大数据一体化的新型算力网络体系，将东部算力需求有序引导到西部，优化数据中心建设布局，促进东西部协同联动。中央财经委员会第十一次会议研究全面加强基础设施建设问题，提出信息产业要升级基础设施建设，布局建设新一代云计

　　边鹏系中国建设银行研究院研究员、国际标准化组织（ISO）可持续金融标准委员会专家委员。

算、宽带基础网络等设施，凸显"东数西算"的系统性抓手作用。"东数西算"具有区域、产业、结构、宏观四方面重要价值，可以在现有基础上进一步深化产业布局，实现"东数西算"与金融高质量融合，助力金融高质量发展。

"东数西算"的价值逻辑

东西部各自比较优势明显，彰显"东数西算"的区域价值。"东数西算"是国家在发展数字经济过程中，面向全国一盘棋的顶层设计，旨在解决东西部区域协调发展的深层次问题。将东部人口稠密、产业密集、能源紧张区域产生的数据，通过远距离传输至人口稀疏、产业零散、能源相对丰富的西部地区，用"东数西算"的产业链打破"胡焕庸线"（我国人口发展水平和经济社会格局的分界线），提高西部地区的边际价值，在数字经济发展大潮中避免西部地区掉队，防范美国"锈带"现象的出现。简而言之，就是将数字经济的重要产业链外移到具有比较优势的西部地区，西部地区具有东部地区稀缺的禀赋结构。

主要国家加速布局数据中心，"东数西算"产业价值突出。IDC 咨询与浪潮集团、清华全球产业院联合发布的《2021—2022 全球计算力指数评估报告》显示，全球各国间的算力竞争白热化，美国与中国作为领跑国家进一步扩大领先优势。美国数据中心的布局主要为全球选址，比如，2022 年 3 月 18 日，微软公告确认在芬兰建设新的数据中心区域；另外，谷歌、脸书（现更名为 META）正依托可持续数据中心服务商 Verne Global 在冰岛扩展数据中心规模，在冰岛电力和冷却条件的支持下，能够使得数据中心的服务更有韧性，有利于减少碳排放，实现长期经济和可持续稳定。

"东数西算"外溢效应有望改善乡村地区经济结构，提升乡村地区经济价值。我国乡村振兴战略面临的一个突出问题就是产业效率，而且效率提升速度缓慢。中国信息通信研究院相关研究显示，"东数西算"布局主要在西部地区的中小城市，具备带动周边乡村地区经济的条件。如果能够充分发挥乡村地区绿色能源和适宜气温的优势，形成可复制的范式，向更多乡村节点扩展，将极大地改善我国乡村地区产业的投资回报率。

"东数西算"具有宏观价值，为经济欠发达地区金融深化创造新机遇。一方面，从宏观层面看，"东数西算"将生产部门利润转化为家庭部门收入，为生产部门进一步发展提供可持续的需求；另一方面，从金融资产视角出发，"东数西算"可以提升经济欠发达地区的产业效率，降低西部能源向东部输送的成本，缓解东部地区人地紧张的矛盾，增加西部地区基础设施建设附加值，吸引更多产业投资和扩大再生产，刺激西部地区对资金产生更大需求，有利于破除西部地区金融需求侧抑制，进一步发挥金融中介作用，实现经济与金融的良性循环。

前瞻性布局"东数西算"为数字经济发展创造条件

我国已经正式启动"东数西算"工程，明确了八大枢纽建设计划，除了稳步推进相关工作外，还要适度前瞻性地思考"东数西算"的未来布局，为金融更好地支持数字经济发展创造条件。

从需求侧防范产能过剩，培育数字经济增量市场，探索"东数西存"。信息产业诸多细分领域曾经历过多轮产能过剩，恶性价格竞争致使企业投资无利可得，甚至处于破产边缘。当前，数据中心的利润不高，从中长期来看电力等能源成本呈上升趋势，在此情况下，数据中心越多，竞争就会越趋激烈，有可能导致算力产业的价格战，甚至在部分市场或区域形成"面粉比面包贵"的尴尬局面。

为了解除数据中心产能过剩的隐忧，算力产业应开展需求侧管理，通过挖掘新的市场需求，适度扩展数据中心的服务功能。如微软在芬兰设立的数据中心不仅提供算力服务，还充分利用当地的数据存储优势提供存储服务，其相对廉价的土地、能源有利于数据中心降低运营成本，全年较低的平均气温有利于机房散热。"东数西算"在提供服务器集群算力服务的同时，也可以提供数据存储服务，由此帮助东部地区克服数据存储在物理空间和能源方面的现实困难。

解除供给侧抑制，适度降低性能标准，更有针对性地服务数字经济。为了确保数据中心建设能够满足未来算力的需求，"东数西算"提出了比较高的要求，比如，数据中心集群端到端单向网络时延原则上在20毫秒以内、城市内部数据中心端到端单向网络时延原则上在10毫秒以内。从远程数据服务的角度，相关性能要求是合理的，但是在技术上存在较难克服的障碍。在实际操作中，多家运营商传输时延较长，在效率上很难满足"东数西算"的要求。

在超远距离传输技术的约束下，建议适当降低行业标准，只明确超远距离传输性能指标的平均时延标准。同时，从算力服务供给侧着手，在短期内远程传输技术性能提升较难的情况下，适当扩展数据中心近程服务，减少超远距离算力需求。另外，建议算力产业因势利导，将目标市场重点转向时效性要求不高的运算服务（如非实时人工智能建模等），尽量避免超远距离传输。

发挥"东数西算"的外溢效应，提高数字经济对乡村地区促进作用，为金融支持乡村振兴提供新的投资逻辑。"东数西算"的初衷之一是平衡东西部经济发展，但如果将数据中心建在偏远城镇的产业园区，甚至是荒郊野岭，不但无法形成经济辐射效应，还会影响当地水、电等基础设施的管道铺设，引发资源浪费。而小城镇在风能、太阳能、氢能等可再生能源方面具备土地、风力、光照等生产要素和能源禀赋优势，有利于建设和长期运营大型数据中心，"东数西算"将会带动小城镇周边经济，促进乡村地区吸引资金流入，推动乡村地区产业升级。建议金融机构重视"东数西算"所涉及周边乡村地区发展机遇，及时发挥金融中介作用。

破解数据"卡脖子"困境，避免数据规制抑制数字经济发展，在存量上做增量。"东数西算"涉及数据的传输与处理，常常使用人工智能算法，这些人工智能算法受到当前数据规则的强约束。比如，《数据安全管理办法（征求意见稿）》明确非授权禁用人工智能算法种类，其中规定"数据挖掘、关联分析、精准画像、数据复原等"不论是否可解释，相关数据处理算法均必须得到用户授权方能使用，受此影响，数据中心算力需求可能受到一定抑制。建议我国着重落实《关于构建数据基础制度更好发挥数据要素作用的意见》，平衡好数据保护与数据流通之间的关系，推动数据真正具备成为重要生产要素的条件。

把握"东数西算"机遇创新发展数字金融

动态完善隐私保护规则，激发金融机构参与数据要素市场积极性。"东数西算"为我国数据产业注入全新动能，但数据要实现金融价值需要可持续的商业模式，当前还面临着数据要素如何市场化的全球性难题。欧盟法律一向以严格保护公民数据隐私而著称，2020年7月，欧盟法院以违反《欧盟宪章》所保障的权利为由，推翻了欧盟–美国隐私护盾框架。2022年3月，欧盟与美国又宣布原则上对新的《跨大西洋数据隐私框架》达成一致，该框架将促进跨大西洋数据流动，这标志着数据隐私保护最严格的欧盟对国内法进行了一定程度的司法豁免，反映出欧美对数据隐私保护的管控有所放松。2022年8月，韩国金融服务委员会（FSC）为了消除人工智能在金融领域的应用障碍，对金融机构参与特定数据使用给予法规豁免，摆脱现有法律框架对创新的束缚。我国可借鉴国际实践经验，对第三方数据平台公司发放专有牌照并豁免部分法律条款，以促进数据跨金融机构合规流通为目标，以用户授权为前提，建设面向金融机构的数据共享市场，引导鼓励金融机构参与其中，为发展数字金融提供新动力。

深耕金融科技，锤炼数据处理、分析与建模能力，持续提升数字能力。在"东数西算"的支持下，海量数据会不断涌现，能较好挖掘并使用数据的金融机构会获得比较优势，因此，对海量数据的处理能力将成为金融机构不断深化技术与业务融合的核心竞争力。在国际大型银行底层技术搭建的过程中，业务人员会深度参与编码过程，比如，高盛的金融专用数据库SecDB主要由业务团队自主研发，该数据库针对金融交易从底层数据库检索语言上进行了改造，能够为固定收益、货币、大宗商品等资产定价并评估交易头寸风险。我国金融机构在技术与业务深度融合方面还有较大潜力，建议在大数据、机器学习等数据分析建模技术方面培养、发展一批能够深刻理解金融业务的专业型人才，持续提升核心竞争力。

以新型数据赋能风险定价能力，将数据内化为金融核心竞争力。工业互联网产生的数据规模大，产生数据频率高，容易导致传输延迟或者无法处理数据，"东数西算"以提升数据处理能力和传输效率为目标，为金融机构利用工业互联网数据提供了契机。金融机构应与自身风险定价能力相结合，通过积累历史数据与建模分析，精细化度量违约损失，不断提升对信用风险的识别和管理能力。国内某银行使用工业互联网数据开展贷后管理后，银行客户经理80%的工作量得以减少。

发挥支付中介作用，为金融科技应用积累数据与场景。国内金融业已经在支付领域积累了大量客户群体，但以往为了保障服务的高效率，在服务功能创新上受到限制。当前，"东数西算"工程已经为金融科技发展打开了计算与存储的"天花板"。建议金融机构洞悉人们日常生活中在支付、理财、保险等方面的强金融需求，以场景金融为先导，推动金融服务向实体网点以外的数字空间延伸，特别是重视那些体验虽好，但发展受限于响应效率的业务创新，为充分发挥"东数西算"在金融领域的作用做好准备。

大力推广隐私保护技术在金融领域的应用，争取取得突破性进展。当前，我国金融业已经在隐私技术方面开展了广泛的探索，多方安全计算（MPC）、同态加密、可信执行环境（TEE）等隐私保护技术迅速发展，这些隐私保护技术符合我国数据治理的长期趋势，但其存在"安全、效率、准确"的不可能三角问题，尚不足以大规模应用。"东数西算"为我国隐私保护技术走在国际前列提供了新的数据训练资源，建议金融机构保持对隐私保护技术的长期投入，不断提升对数据风险的把控能力。

《中国银行业》2022年第10期

边缘计算赋能智能交通

韩　旭　田大新

边缘计算作为近年来与新一代通信技术、物联网、人工智能等技术协同爆发的新兴技术，能够在靠近智能交通用户的边缘提供低延迟和高可靠性的资源密集型服务。本文首先从技术特点、应用分类等多个方面介绍了边缘计算核心技术的研究现状，然后针对智能交通系统的特色需求对边缘计算赋能下的智能交通关键技术进行了分析与探讨，接着总结了边缘计算在智能交通中应用所面临的挑战，最后展望了未来的技术发展方向。边缘计算赋能的智能交通系统有望深入推动道路交通行业的数字化转型与智能化升级。

　　韩旭系北京航空航天大学交通科学与工程学院博士研究生；田大新系北京航空航天大学交通科学与工程学院副院长、教授、博士生导师。

伍

算力＋：赋能行业应用

引　言

随着移动互联网、物联网、信息与控制等技术的快速发展，道路交通系统正逐步从传统的技术驱动的系统转变为更强大的数据驱动的智能交通系统（Intelligent Transportation System，ITS）。智能汽车也在传统汽车的基础上配备了更加丰富的摄像头、激光雷达、毫米波雷达，以及全球导航卫星系统（GNSS）等传感器，驱动了智能移动终端数据量的爆炸式增长。据预测，截至2025年，全球将有1500亿个终端和设备联网，其中逾70%的数据将在网络边缘进行存储和处理。对海量数据的挖掘与应用加速了智能交通时代的到来，同时也对传输带宽、时延、能耗、应用性能和可靠性等关键指标提出了更高要求。因此，一种新的计算范式——移动边缘计算（Mobile Edge Computing，MEC）被引入，它被认为是向5G过渡的关键技术和架构概念。通过整合分布在网络边缘的大量可用资源，MEC在更接近用户处提供类似云计算的面向用户体验和应用需求的服务，以及强大的计算、存储、网络、通信能力，能够满足低延迟、高密度、位置感知、移动性支持等智能交通的特色需求，为智能交通系统的发展带来了前所未有的机遇。

一、边缘计算概述

（一）边缘计算的概念

边缘计算的概念最早由欧洲电信协会于2014年提出，通过在移动设备网络边缘实现数据的缓存与计算等功能，满足用户所需的实时性、敏捷性、安全与隐私保护等具体应用和服务需求。边缘计算节点大部分部署在无线网络的边缘，它通过提供无线网络信息和本地环境上下文，以及低延迟和带宽保护，有潜力克服传统中心云的障碍与传统移动通信网络资源限制的瓶颈，为车辆用户提供资源密集型服务。

（二）边缘计算的特点

通过在网络边缘提供计算和存储能力，边缘计算可以最大限度地减少时延，节约网络带宽，减少跨域流量，从而做出更准确的位置与环境感知决策，并提供安全防护和隐私保护能力。边缘计算使得网络运营商能够提供额外的增值服务，并利用自身网络的独特特性使终端用户获得更好的体验质量（QoE）与服务质量（QoS）。作为传统云计算的补充，边缘计算具有以下特点。

本地化认知。边缘云部署在无线网络的边缘，能够实时访问无线网络和信道信息，应用程序也可以利用本地的位置与场景信息。

分布式服务。处于不同地理位置和网络层次中的物理实体能够灵活地提供分布式的资源调度与管理服务。

异构性。服务场景多样化，边缘设备形态广泛且包含不同的存储、计算、网络资源和服务能力。

低时延。通过将应用程序在靠近边缘处或直接在边缘设备上执行，减少了远程传输，从而降低时延。

高带宽。计算密集型任务被迁移到边缘服务器，可以有效缓解网络压力，满足更多高带宽的业务需求。

（三）边缘计算应用分类

边缘计算的特点使得功能多元的应用可以从广泛部署在边缘的智能设备中受益。按照不同的标准与依据，现有的边缘计算应用分类方式主要有三种，如图1所示。其中，基于应用属性，边缘计算应用包括以下几方面。

延迟敏感型应用。边缘计算以实时快捷的方式实现了与云计算应用的互补，从而促进了实时交通控制、在线视频等对网络延迟有严格限制的应用在边缘计算场景中实现。

上下文感知应用。边缘服务器通过整合本地计算能力、位置和环境信息，以及用户上下文信息，为实现数据处理、信息融合与决策控制等功能的应用提供了有力基础。

网络状态感知应用。带宽、CPU、内存等各种网络资源状态的获取通常需要消耗大量的设备资源，边缘计算推动了大量传感器的部署，为面向单个数据中心、多个数据中心或云提供计算服务的同时实现网络负载均衡技术提供了保障。

数据处理与聚合应用。边缘设备的临近性与智能性赋予了网络边缘应用对大数据的实时汇总、处理、分析能力，支撑其在工业视觉、智慧城市、远程驾驶等多样化应用场景中提供高效精准的服务。

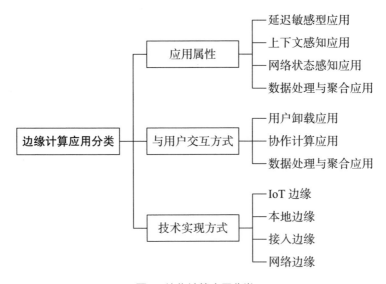

图1　边缘计算应用分类

边缘计算技术的出现为互联网服务方式的拓展提供了便利条件，因此边缘计算应用还可以根据服务方式的不同，分为用户卸载、协作计算、数据处理与聚合等应用。此外，也可以根据技术实现方式的差异将应用程序部署在物联网（IoT）边缘、本地边缘、接入边缘、网络边缘。

二、边缘计算在智能交通中的应用

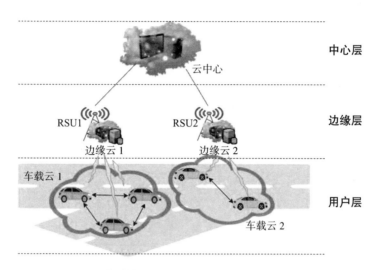

图2　边缘计算在智能交通中的典型应用场景与架构

随着越来越多的边缘智能设备接近移动用户，边缘计算能够通过充分利用智能交通系统内多样化的边缘服务器，实现碎片化场景间网络的统一接入，降低局部交通网络对核心网络接入的依赖，进一步促进车路状态信息的协同感知。边缘计算在智能交通中的典型应用场景与架构如图2所示，在"用户层–边缘层–中心层"三层架构支持下，边缘计算可为驾驶员识别、高精度地图、实时交通估计、自动驾驶等智能交通特色业务提供超低时延保证，降低移动车辆的能源消耗，支撑交通大数据实时处理和分析，助力车辆盲区预警等公共安全业务。当前，边缘计算赋能的智能交通系统在保障安全、提高效率、节约能源方面有着极大的发展潜力及更广阔的发展空间。下面将主要介绍智能交通中边缘计算的典型应用实例，并针对智能交通系统的特色需求对边缘计算的关键技术进行分析与探讨。

（一）时延

低时延对于智能交通系统而言至关重要，直接决定了防碰撞、编队等

自动/辅助驾驶业务能否实现实际应用。边缘计算技术的引入使得中心云与车辆之间的物理距离不再是造成系统时延的唯一因素，还要解决智能交通系统对本地时延和网络时延的严苛需求。车联网与边缘服务器间的本地时延作为一个关键性能指标，对满足智能交通不断增长的QoS需求有着非常深远的影响，因此大量的研究致力于降低智能交通系统中的本地时延。此外，智能交通系统中的车辆应用高度依赖于实时的移动性支持，使得网络时延成为亟须考虑的性能指标。例如，现有的基于传统网络架构的路由算法受限于智能交通动态及复杂多变的环境特点，会出现无法选择最佳路径、网络拥塞或其他各种造成网络时延的潜在情况，从而无法实现快速和多样化的路由。为解决上述问题，一些研究方法被提出，用于如何在边缘计算赋能的新型网络架构中设计高效可行的路由算法，以使其在复杂多变的智能交通环境中提供毫秒级时延保证的网络传输服务。

（二）调度与负载均衡

边缘计算通过构建通信网络对路侧边缘节点的计算资源进行灵活管理和调度，能够辅助智能交通系统实现通信与计算资源协同，从而缓解带宽拥堵与核心网络重载，以满足移动车辆对实时响应和低能耗的高要求。边缘计算模式本身并不能替代云计算，因为它不具备云计算那样强大的算力资源。云计算与边缘计算在智能交通场景中是相辅相成、相互促进的，因此边缘计算的调度方案需要作用于车辆端、边缘端与云端之间。然而，传统的基于边缘计算的车联网架构中，每个边缘设备都是独立工作的，导致边缘设备之间缺乏有效的协调机制，造成负载均衡问题。

（三）计算卸载

伴随着边缘计算在移动互联网场景中的发展，已有大量的研究成果聚焦计算卸载问题，通过实施任务调度策略，合理地分配计算资源，执行任务，进一步提高在发射功率、存储容量、任务完成时间、能源消耗等约束下的任务卸载性能。然而，对于计算密集型的车辆应用，由于基础设施建设的不足以及边缘服务器的计算资源瓶颈，早先的研究大多不能有效地执行。此外，针对传统通信网络环境下移动终端计算卸载而建立起来的理论方法也不一定能够很好地适用于智能交通环境下的计算卸载问题。因此，充分利用道路上或路侧多元化的边缘资源研发智能交通特色计算卸载应用是当前工作的重点。

（四）资源管理

边缘计算通过整合系统内的离散的算力资源为车辆节点提供多种服务模式以提高系统性能。在边缘计算架构下，车辆的计算资源可以组成车辆云，在靠近车辆的位置更好地支持视线盲区预警等具有实时性需求的业务，同时也可以在基站本地提供算力，以支撑高精度地图等应用的大数据处理和分析。然而，多种多样的车辆应用以及时变的网络状态为智能交通系统有效分配资源带来重大挑战。因此，有学者通过研究深度强化学习开发基于意图的交通控制系统，提出联合优化问题以探寻适用于5G大数据场景下智能交通系统的资源分配策略，同时实现移动网络运营商从车辆中获得平均利润的提升。

（五）安全与隐私

为了给智能交通的数据、服务、应用提供安全与隐私保障，我们不仅需要应对现有技术和网络的内在安全威胁，还需要应对因部署边缘计算而出现的全新安全威胁。相较于传统的移动终端，车辆具有较高的移动性，车载网络的拓扑结构随机性强、动态变化大、V2V和V2I无线信道衰落快，这些特定的车载通信特性为危险预警、换道决策、制动避撞等车载安全应用带来重大挑战。此外，访问控制、远程升级、异常检测等过程中的数据安全与隐私问题也是研究过程中不容忽视的问题。因此，支持边缘计算赋能的智能交通系统的信息安全理论与技术已经成为学术界和产业界的热门研究课题。当前，智能交通系统采用的信息安全技术与传统网络相同，主要分为基于加密的安全技术和物理层安全技术，其中物理层安全技术可作为加密技术的有效补充，具有实现完全保密、低计算复杂性和资源消耗，以及对信道变化的良好适应性等能力，被认为能够有效提高智能交通网络的安全性。

三、挑战与未来发展方向

（一）边缘计算在智能交通中应用面临的挑战

有关边缘计算的研究已持续十余年，其在移动通信网络中的应用取得了飞跃性的突破，但至今仍存在一些固有限制及尚未解决的关键技术，使得边缘计算技术无法在智能交通场景中广泛应用。边缘计算在智能交通的应用挑战主要包括以下五个方面。

一是数据采集与存储。传感器网络技术的发展与路侧基础设施的数字化升级，促进了边缘服务的智能性提升，同时也为交通多源异构传感器的多模态数据实时采集与交通大数据的分布式存储带来了重大挑战。

二是差异化与可扩展服务。考虑到智能交通中车辆的异质性与高速移动性特点，边缘计算服务器无疑要面向多种业务应用提供差异化服务。与此同时，系统的可扩展性也是一大不可避免的挑战。

三是数据隐私和安全。数据隐私与安全防护是一种极具普遍性的根本性基础服务，它贯穿智能交通系统中的各个环节。随着大数据技术在智能交通中的广泛应用，数据安全与隐私挑战日益严峻，研发针对智能交通特色需求的安全与隐私保护方案具有急迫性和重要性。

四是异构计算。由于智能车载应用对于算力的需求问题越来越突出，异构是全面发挥不同边缘节点的算力资源优势、提高边缘计算赋能下的智能交通系统综合算力水平的有效途径。因此，边缘计算场景下异构计算架构与平台的设计仍旧充满机遇与挑战。

五是可靠性。边缘服务器的计算能力与计算需求不匹配、大计算量任务的命令或结果得不到及时传输等问题将导致处理能力、时间、能量的巨大浪费。因此，智能交通系统还需应对通信与计算耦合情况下的可靠性挑战。

（二）未来发展方向

1.安全与隐私

车载网络的研发确保了车辆间的有效通信，从而改善了车辆之间的数据传播。然而，物联网与智能交通设备的快速发展及供应增加对边缘计算架构中的通信和数据处理提出了前所未有的安全需求。边缘服务器作为半可信的第三方的代理，可能会窥探车辆位置、交易记录、驾驶员行为数据等敏感数据内容，从而破坏智能交通系统数据的隐私性。为了实现安全性，实施各种安全机制以保护智能交通系统用户免受攻击极为必要；为了避免隐私泄露，可以采用主观量化与主动防护的方式降低车辆及数据隐私曝光的风险。

2.能量管理

能源短缺正成为限制物联网发展的关键阻碍，自动驾驶汽车利用大量的感知信息进行智能导航，衍生出强烈的计算需求。据研究，每辆自动驾驶汽车日均产生数据高达30TB。降低网络延迟与实现最小化响应时间的一个潜在方案是在配备边缘计算服务器的RSU中实施决策型机器学习和人工智能算法。然而，这些算法往往会消耗大量的处理能力，因此也会消耗能源，边缘设备的能量管理是未来智能交通发展过程中必须关注的问题。

3.货币化

许多研究提出了模拟环境中的任务卸载方法，旨在解决与设备算力、网络访问、用户移动性、响应时间等有关的问题。然而，在现实道路交通系统的应用中，边缘计算用于支撑数据依赖性任务时必须考虑解决方案的货币可行性。也就是说，讨论边缘计算应用的可行性时，必须将所需的初始投资、能源成本、维护成本等制约因素作为最重要的几项考虑因素。

四、结束语

智能交通系统作为集成感知、决策、控制等应用功能的开放系统，需要面临海量数据的产生和计算处理需求。随着5G时代的到来，边缘计算正在成为道路交通行业进行数字化转型和智能升级的重要底座，它所承载的功能以及对物联网和车联网等相关行业的赋能作用越来越关键。未来，边缘计算必将作为一个支点，为智能交通带来不可估量的发展空间。

《人工智能》2022年第4期

陆

机遇与困难并存：
算力的发展趋势

算力网络前景光明、挑战巨大

李国杰

信息社会进入智能化新阶段，信息基础设施的主要作用已不是解决连通问题，而是为人类的生产与生活提供充分的分析、判断和控制能力。因此，计算能力和大数据资源成了新的信息基础设施的关键。算力作为数字经济时代的新生产力，必须实现基础设施化。

算力和国内生产总值（GDP）呈正相关的关系，未来算力指数可能是比电力指数更重要的经济指标。因此，未来信息基础设施必须通盘考虑算力网络和通信网，还要与电力等能源网络协同配合，做好算力、通信、电力网全国"一盘棋"的顶层设计，统筹兼顾，力争全局优化。

算力网络是新型基础设施的一个组成部分，我们要基于经济社会发展的大逻辑、大格局、大趋势，做好顶层路线图的设计，避免"只见树木不见森林"。

不同视角下的未来信息基础设施

计算机界和通信界对未来的信息基础设施有着不同的视角。

计算思维的核心是分层次抽象，对应到未来信息基础设施，就是以新的抽象来屏蔽不同"云"的差异，实现"跨云计算"。众所周知，互联网

李国杰系中国工程院院士、中国计算机学会名誉理事长。

是网际网，未来的信息基础设施就是"互联云"。

从计算机的视角来看，这是以云为中心，强调以云调网、云网融合、一云多网的信息基础设施，重点是解决各种软硬件的不兼容问题。算力网络基本载荷单元不是消息，而是计算任务。核心创新是做任务交换和高通量的计算，追求低熵有序。

而通信界的视角则是以网络为中心，把计算和存储能力看成可调动的资源，即"网调云"，因而强调算力资源评估、交易和调度，目标是构建网络和计算高效协同的网络架构。新的网络架构重视算力的感知、异构算力的统一标识和算力资源的标准化等。

目前，算力网络被认为是6G与未来网络中一项重要的基础技术，即在网络中部署数据处理能力。这一理念目前主要是电信运营商在推动，中国电信等运营商先后发布了《算力网络白皮书》，也提出了国际标准。2021年7月，国际电信联盟电信标准分局（ITU-T）发布了第一个算力网络技术的国际标准"Y.2501"。算力网络不仅仅是技术发展趋势，更是市场竞争下产生的需求。电信运营商希望在"连接+计算"一体化服务场景下实现业务扩展，避免被管道化。

有专家提出"网是基础、云为核心、网随云动、云网一体"，笔者认为这是云网融合正确的发展原则。通信领域的专家考虑"网调云"的时候，应充分理解哪些计算资源现在可以通过网络进行调配、哪些还不能。实际情况是，目前只有相当少量的计算资源可以调配，很多还不能调配。

算力网络是前景光明的宏伟目标

"人工智能之父"约翰·麦卡锡早在1961年就提出效用计算（Utility Computing）的目标："有一天，计算可能会被组织成一个公共事业，就像电话系统是一个公共事业一样。"让计算能力成为像电一样的公共基础设施，这是计算机界已经奋斗了半个多世纪的宏伟目标。1984年，SUN公司提出的"网络就是计算机"也是今天讲的算力网络的美妙前景。

从提出效用计算的奋斗目标开始，计算机界就清楚公共计算服务与公共电网不同，至少需要关注三个问题。一是用户如何和资源进行对接？二是用户通过什么设备将资源转换成服务？三是不同的编程语言和硬件如何兼容？通过几十年的努力，人们已经发明了用于远程接入的互联网、管理物理计算资源的操作系统、把资源分给多人同时使用的虚拟化技术。近十年广泛流行的云计算集成了这些技术，为实现"计算的公共基础设施"找到了出路。只要云、边、网、端都尽可能地实现云化，就有可能将原本不是公共物品的计算能力变成虚拟的公共物品。从长远目标来看，算力网络的前景一定是光明的。

算力资源还需大量原始创新

媒体上有些文章将目前在做的算力网络与交通网络、电力网络等量齐观，认为算力现在就可以做到像供水和供电一样方便，这显然太乐观了。计算能力终究不是像水电一样具有同质性的公共品，每个算力产品都想通过专有的特性赢得竞争，所以算力网络的实现比交通和能源网络复杂得多也困难得多。构建算力网络的技术还不成熟，还需要做很多基础性的原始创新和大量的技术攻关。

正在研究突破的与算力网络有关的计算技术包括任务交换技术、智能流抽象、资源赋名、控域、网程、标签化体系结构、内构安全、在网计算等，突破这些技术都需要付出艰苦的努力。通信与网络界也要突破许多关键技术，其中确定性网络对实现性能与用户体验可控的算力网络具有重要意义。

算力网络要为减熵做贡献

传统的"信息高速公路"的技术天花板已出现。"信息高速公路"遵循"无序共享"原则，这一原则为现有的信息基础设施埋下了巨大隐患——性能干扰，用户可感知的服务质量存在很大的不确定性（从信息论的角度看就是"熵"比较大）。由于采用大量冗余，各大云计算中心均面临总体效率不高的问题，许多数据中心的利用率甚至不到20%。因此，在计算机界人士的眼中，算力网络作为未来网络的组成部分，要为减熵做贡献。

中国科学院计算技术研究所（以下简称计算所）提出的"信息高铁"就是建设高通量低熵算力网络。"信息高铁"强调"低熵有序"，针对高通量计算，其性能指标是"通量"（goodput，通量＝任务吞吐率×良率），即"保质任务吞吐率"，也就是单位时间完成的保质任务数。"信息高铁"追求的目标是可测、可控、可调、可信，希望能显著改善应用品质，提升系统通量与效率。

"信息高铁"按照"一横一纵"的思路，重新定义下一代信息基础设施的边界。"一横"是通过"联邦制"的方式横向联通，最大化组织起所有愿意共享的大/小数据中心的各类异构算力资源，为用户提供统一封装、抽象易用的算力资源；"一纵"是纵向打通云、网、边、端全链路基础设施资源，通过全链路多级多维度测调、控域隔离等方式，实现海量物端应用的端到端服务以确保质量。

计算所对"信息高铁"做了初步的测试实验，结果表明，不管是任务的良率还是通量，都比传统互联网高出6—7倍。而且，越是负载高的时候，"信息高铁"的优势越明显，良率也是如此。

算力网络要避免"帝国制"垄断运营

从顶层设计的角度，笔者认为国家算力网络的建设应由三部分组成。

第一部分是由国家或地方财政建立的公共算力基础设施，第二部分是电信运营商和龙头云服务商建设的骨干企业级算力基础设施，第三部分是由大量中小型信息服务企业协作建立的算力网络。

算力网络的构建要高度重视中小企业。全国的算力网络应避免单一"帝国制"垄断运营，探索新型的"联邦制"管理模式，激活中小企业的参与热情。运行方式是否得当，决定着算力网络的前途。

在布局上，算力网络既要"全局统一"，又要"环节解耦"。"全局统一"是指全国主要算力中心协同管理，形成东西互补、南北贯通的一体化算力网络，提供统一的算力资源服务。"环节解耦"是指算力的设备提供商、运营商和增值服务商合理解耦，消费者仅需按统一定价支付费用就可得到多样性服务。算力网络的生命力在于协同合作，过分强调一家企业的端到端一体化，不利于算力网络的发展。

计算的应用可分为实时（数据处理）和非实时两大类。一般而言，有实时要求的应用并不要求很强大的算力，但那些面向基础研究的科学计算、人工智能的训练等，虽不要求实时的应用，往往需要使用超级计算机和超大规模的人工智能训练平台。

新药研制和新材料研发、集成电路等新产品的设计等，都需要巨大的算力。非实时的计算可能对国家发展具有更基础、更长远的作用，国家级的算力网络资源应优先考虑非实时的高性能计算和智能计算（模型的训练）。实时性强的工业互联网和金融网络等大多由企业自建。此外，边缘计算和物联网大多有实时要求，算力网络建设要高度重视确定性网络的研究。

不能无限夸大"东数西算"的减排贡献

启动"东数西算"工程，有利于集中建设数据通信网络，促进我国西部地区的数字经济发展，能在一定程度上缓解东部供电压力。但是，放在全国的大盘子上，"东数西算"工程对全国节能减排只有一定比例的贡献，不能无限制地夸大。

只要建设数字中心，不管建在东部还是西部，都会产生耗电量。在西部建数据中心有两方面的好处。

一是西部的电源使用效率（PUE）值低一点，相对于在东部建数据中心，有可能会节省20%的用电。但如果采用曙光公司发明的浸没相变液冷技术，耗电量对数据中心所在地的平均气温就不是十分敏感。

二是传输线路的损耗，2000公里长距离输电的损耗在6%左右。根据中国信息通信研究院统计的各省区市2020年的算力规模，贵州、甘肃、宁夏、新疆、重庆等西部各省区市算力总和还不到5EFlops，只占我国数据中心算力总规模（140EFlops）的4%左右。即使未来几年翻倍增长，估计西部新建数据中心的算力5年内也难以超过全国算力的20%。

全国数据中心每年耗电量在2000亿度左右，未来西部数据中心最多用电120亿度。能节省120亿度电当然是值得努力争取的大事，但与我国总用电量8万亿度相比，只占0.15%。与每年跨省输电2万亿度相比，也只有"西电东输"的0.6%。

因此不能只关注"东数西算"有利于省电这一方面，也不能把"东数西算"看作我国算力基础设施的整体战略和全部内容，应从国家东西部平衡发展、构建全国算力网络新基础设施的大局着眼。目前东部大城市建数据中心的需求很迫切，但没有用电指标，批地也很困难，向西部寻求算力资源是迫切而合理的选择。

同时，我国现行的《供电营业规则》不允许光伏和风力发电站直接给数据中心供电——发电必须入网，电力统购统销。这种政策不利于在西部建设数据中心。建议国家给数据中心一定的灵活性，推行"源网荷储一体化"理念，支持算力跟着能源走，促进绿电的消纳。

取得实效尚需艰苦努力

另外值得注意的是，虽然中西部地区数据中心在用机架数的全国占比已上升到39%，超过北京、上海、广东三个数据中心聚集区的在用机架数的全国占比（31%），但机器利用率不高。"东数西算"工程在西部建设的四个数据中心基地如何开展业务、大幅度提高算力的利用率，要做大量细致的工作。"东数西算"要达到"西电东输"和"南水北调"的实效，还要做艰苦的努力。

美国拥有多个开放的、全球性的、与算力网络有关的科研创新综合试验平台，它们为美国信息领域科研创新提供了肥沃的土壤。而我国现在仅有一个国家级的未来网络实验平台，先进算力、分布式系统、云计算、边缘计算等领域的国家级科研试验平台还处于空白状态。

建议国家尽快成立算力基础设施研究中心和"东数西算"工程技术的试验场，建设一些开放性的平台。这些平台不能是一个"孤岛"，应该与现有网络系统互联互通，研发面向"东数西算"的"联邦制"管理、算力测调和撮合交易系统等，形成算力基础设施化的核心技术、基础软件和关键系统，并向"东数西算"工程推广，加快各环节关键技术从孵化到完善的全过程，最终形成一套可面向"一带一路"推广的新信息技术体系。

《科学新闻》2022年第5期

陆

机遇与困难并存：算力的发展趋势

我国算力产业发展面临三大挑战

王骏成

当前，算力的重要性已被提升到新的高度。算力作为数字经济时代新的生产力，对推动科技进步、行业数字化转型以及经济社会发展发挥着重要作用。在全球算力规模快速增长的大背景下，我国算力产业发展迎来难得机遇，但也面临着诸多挑战，只有牢牢把握行业数字化、智能化发展浪潮，遵循算力发展特点和规律，才能构建我国算力产业发展新格局，为数字经济蓬勃发展提供有力支撑。

我国算力产业发展的机遇

全球算力进入新一轮快速发展期，人工智能、数字孪生、元宇宙等新兴领域的崛起，推动算力规模快速增长、计算技术多元创新、产业格局重

王骏成系中国信息通信研究院信息化与工业化融合研究所工程师。

构重塑，我国算力产业发展面临难得机遇。

算力规模保持快速增长态势。在以万物感知、万物互联、万物智能为特征的数字经济时代背景下，全球数据总量和算力规模继续呈现高速增长态势。结合华为全球产业展望（GIV）预测，2030年人类将迎来YB数据时代，全球算力规模达到56 ZFlops，平均年增速达到65%。多样化的智能场景需要多元化的算力，人工智能、科学研究以及元宇宙等新兴领域快速崛起都对算力提出更高要求，英特尔预估元宇宙需要将计算能力提升一千倍，英伟达认为沉浸式体验下的实时渲染算力还差百万倍。我国算力规模也在持续扩大，数据中心、智能计算中心、超算中心等算力基础设施加快部署。

算力技术呈现多元创新特点。万物智联时代，海量数据洪流和多样应用需求爆发拉动算力规模成倍增长、算力结构持续调整，以多元化、融合化为特征的先进计算技术迎来新一轮发展浪潮。面向海量数据、实时响应、泛在多元、绿色安全等场景的信息处理需求，通过计算理论、器件、部件、系统平台等融合性创新和颠覆性重构，形成更高算力、更高能效、更加多样、更加灵活的计算技术和产品，将有助于实现单点计算性能的提升与算力系统的高效利用。一方面，先进计算作为推动技术革新的新动力，推动基于硅基半导体的经典计算技术持续向前演进，以系统化思维逐步改变芯片设计思路，形成专用计算架构、异构计算架构、泛在协同计算架构等多样化的计算架构；另一方面，计算技术与数学、物理、生物等多学科交叉融合，由此衍生的量子计算、存算一体、光计算、类脑计算等颠覆性计算技术取得突破进展，推动非经典计算从理论走向实践。

算力产业格局有望重构重塑。整机方面，受益于经济的快速复苏，全球服务器市场持续增长。芯片方面，使用x86架构的服务器CPU仍然占据绝对优势，ARM芯片产品也在逐步崛起，英伟达、亚马逊、华为、阿里等国内外巨头已陆续推出自研ARM服务器CPU。AI芯片方面，英伟达、英特尔、AMD等传统芯片巨头加速完善AI芯片产品体系，不断推进全能力建设，抢占多样性算力生态主导权。国内芯片厂商、整机系统厂商、互联网厂商纷纷加速 AI 芯片的研发和产业化，算力产业格局有望重构重塑。

我国算力产业发展面临挑战

经过多年发展，我国已形成体系较完整、规模体量庞大、创新活跃的计算产业，在全球产业分工体系中的重要性日益提升。当前，我国计算产业算力创新能力不断提升，先进计算领域涌现出一批创新成果，基础软硬件持续突破，新兴计算平台系统加速布局，前沿计算技术多点突破，"创新突破、兼容并蓄"的产业发展新格局正加快构建。然而，我国算力产业发展仍面临一些挑战。

一是我国算力产业基础依然薄弱，产业生态体系仍需完善。芯片层面，服务器芯片市场长期被美国公司英特尔的 x86 架构所主导；AI 芯片市场，美国企业英伟达在云端 AI 芯片市场份额超过 90%。生态层面，多样性算力产业体系仍需完善，先进计算软硬件自主研发投入不足，国内产品存在一定的同质化竞争现象，软硬件平台难以支撑上层业务应用发展。此外，先进计算技术标准体系有待完善，现有标准化工作推进亟待加强，不同芯片、操作系统、固件、整机系统兼容性问题突出，制约了产业的进一步发展。

二是我国算力技术创新存在不足，系统创新思维亟待提升。虽然我国的计算行业处于高速发展阶段，但相较于发达国家而言，计算技术发展仍然存在一定滞后性，尤其在关键领域的计算产品以及技术创新方面的自主研发能力还远远不足，科研队伍建设和研发投入仍然有待提升，科技创新能力以及科技成果转化的效果不佳，使得我国算力技术创新受到一定影响。当前算力的提升面临多维度的挑战，从芯片到算力的转化依然存在巨大的鸿沟，单一技术升级路径已难以匹配算力高质量发展需求，迫切需要针对不同应用领域，提升全体系协同、多路径互补的系统创新能力，以系统化思维创新芯片设计思路和优化计算系统架构，实现分布式算力的集约化应用，提高计算效率，克服"功耗墙""存储墙"等发展瓶颈。

三是我国算力供需之间匹配失衡，算力应用赋能亟待加强。我国算力需求在逐步释放的同时，算力应用的广度和深度仍远远不够，应用场景落地推广难度较大。尽管算力对各个行业数字化智能化升级的支撑赋能作用日益显著，但目前来看垂直行业的算力需求匹配度依然不足。算力应用存在标准缺失、数据共享不够、资源接口不统一等壁垒，多元化普惠性的算力设施建设尚不完善。需求侧大部分行业缺少对数字技术、计算技术的理解，无法结合业务需求有效抽象应用场景，也缺乏与供给侧的沟通渠道。供给侧亟须主动贴近行业应用场景，开展各类应用与全栈技术的适配、验证、调优和攻关，打通应用与创新的正向带动链条。

未来发展策略建议

当前，国家及各地"十四五"算力发展规划加速落地，算力成为数字经济时代新的生产力。下一步，要全面贯彻落实党中央、国务院决策部署，立足制造强国、网络强国和数字中国建设，牢牢把握行业数字化、智能化发展浪潮，结合算力发展特点和规律，不断培育壮大算力产业规模，提升算力供给能力，激发创新驱动活力，持续优化发展环境，强化应用赋能效应，深化对外开放合作，着力构建我国算力产业发展新格局，为数字经济蓬勃发展提供有力支撑。

一是夯实算力基础设施建设。坚持适度超前原则，加快数据中心、智能计算中心、超级计算中心等算力基础设施建设，以建带用，以用促建，推动算力基础设施水平的持续提升。加快构建全国一体化大数据中心体系，强化算力统筹智能调度，建设若干国家枢纽节点和大数据中心集群，建设E级和10E级超级计算中心。持续推动算力基础设施绿色低碳发展，统筹布局绿色智能的算力基础设施建设，有序推动传统算力基础设施绿色化升级，加快打造数网协同、数云协同、云边协同、绿色智能的多层次算力设施体系。

二是促进算力核心技术研发。充分发挥我国超大规模市场和新型举国体制优势，紧扣科技自立自强的要求，打造以算力为核心的软硬件协同创新生态体系，以多元化、系统化创新带动产品链条升级。加强先进计算关键技术创新，推动高端芯片、计算系统、软件工具等领域关键技术攻关和重要产品研发，着重弥补薄弱环节。加强基础研究和多路径探索，加快存算一体、量子计算、类脑计算等前沿领域战略布局，构建未来发展竞争优势。鼓励计算企业持续提升自主创新力和知识产权布局能力，增强核心竞争力。加强产学研用协同机制，强化算力领域高端人才的培养和引进。

三是提升计算产品供给能力。加快培育壮大先进计算产业，推动面向多元化应用场景的技术融合和产品创新，增强计算设备、计算芯片、计算软件等计算产品竞争优势，推动产业发展迈向全球价值链中高端。构建先进计算企业梯度培育体系，在做大做强先进计算领军企业的同时，引导中小企业"专精特新"发展，构建大中小企业融通发展、产业链上下游协同创新的发展新格局。优化各地区先进计算产业布局，促进产业集聚集群发展，提高现有园区发展质量和水平，形成区域布局合理、辐射带动影响大的算力产业体系。

四是营造算力产业发展环境。引导社会资本参与算力基础设施建设和算力技术产业发展，引导金融机构加大对算力重点领域和薄弱环节的支持力度，鼓励符合条件的金融机构和企业发行绿色债券，支持符合条件的企业上市融资。深化公共数据资源开发利用，加快推进区域数据共享开放、政企数据融合应用等数据流通共性设施平台。加快数据全过程应用，构建各行业各领域规范化数据开发利用的场景，提升数据资源价值。加强数据收集、汇聚、存储、流通、应用等全生命周期的安全管理。

五是强化算力行业应用赋能。深入挖掘算力在新型信息消费、智慧城市、智能制造、工业互联网、车联网等场景的融合应用，完善算力供需对接。强化算力应用推广，充分发挥算力对制造、金融、教育、医疗等各行各业的赋能作用，打造千行百业应用标杆，推动形成关键领域共性标准模式。鼓励加强先进计算系统解决方案和行业应用创新，推动异构计算、智能计算、云计算等技术在垂直领域的拓展应用，加快传统行业数字化转型，促进实体经济高质量发展。

六是深化对外开放和国际合作。加强与"一带一路"沿线国家在算力基础设施、算力技术产业、数字化转型等领域的合作，打造互信互利、包容、创新、共赢的合作伙伴关系，拓展数字贸易广阔发展空间，构建沿线国家算力命运共同体。进一步优化营商环境，促进公平竞争，加强知识产权保护，激励更多外资企业进入中国市场，鼓励国内企业积极拓展海外市场。持续深化拓展算力领域的国际交流与合作，促进技术创新要素在国际间的流动，为我国算力发展营造良好的国际环境。

《中国信息界》2022年第6期

算力基础设施的现状、趋势和对策建议

李 洁 王 月

　　算力基础设施是一种新型基础设施，有助于我国重大科技创新、行业转型升级和社会治理水平提升。本文通过对算力基础设施定义和分类进行梳理，阐述了计算异构、算网协同、算力泛在、绿色低碳等重要发展趋势，分析了我国当前算力基础设施建设面临的挑战，从产业生态构建、技术体系研究、统筹资源布局、绿色低碳优化等方面提出促进我国算力基础设施高质量发展的对策建议。

引 言

　　当前，云计算、人工智能、大数据等新一代信息技术快速发展，传统产业与新兴技术加速融合，数字经济蓬勃发展。算力基础设施作为各个行

　　李洁系中国信息通信研究院云计算与大数据研究所副所长；王月系中国信息通信研究院云计算与大数据研究所数据中心部副主任。

业信息系统运行的算力载体，已成为经济社会运行不可或缺的关键基础设施，在数字经济发展中扮演至关重要的角色。2019年，美国发布《国家战略性计算计划：引领未来计算》，将计算能力提升到国家战略高度，从先进计算、超算、高性能计算等多方面打造国家计算基础设施。近年来，我国对算力基础设施的重视程度不断提升，一体化发展、新型数据中心、算力基础设施等概念相继提出。2020年4月，国家发展和改革委员会首次对"新基建"的具体含义进行了阐述——基于新一代信息技术演化生成的基础设施，包含以数据中心、智能计算中心为代表的算力基础设施等。算力基础设施内涵外延广泛，建设运营主体丰富，技术环节众多，需要多方统筹协调、共同参与，促进其高质量发展。

一、算力基础设施的内涵和外延

算力基础设施本质是提供不同类型算力的基础设施。伴随着算力基础设施的发展，国家及地方相关政策文件提出了云数据中心、智算中心、一体化大数据中心等概念。这些概念是从数据中心采用的技术架构、提供的服务类型等不同维度被提出的，物理实体都可以归为数据中心的不同形式和类型。当前，算力基础设施概念主要源于3个方面，一是提供算力资源的实体，如数据中心是面向市场的算力资源，超算中心是主要面向科研国防等重大项目或课题的算力资源；二是政策文件中出现的名词概念，新型计算中心概念不断涌现，如新基建政策中出现的算力基础设施、一体化大数据中心和行业大数据中心；三是技术融合，云计算、大数据、人工智能等新技术的兴起与发展，市场应用需求的导向，引发传统数据中心发生技术变革，使其成为技术创新的制高点，成为技术密集型产业，并催生新型计算中心形态，如智能计算中心。

狭义的算力基础设施指提供算力资源的基础设施，以算力资源为主体，包括底层设施、算力资源、管理平台和应用服务等，涵盖超算中心、数据中心和智算中心等提供的多样性算力体系。该类定义下的算力基础设施通过管理平台，实现跨区域、跨领域、跨部门协作，公共算力和商业算力共同提供服务，满足我国科技创新、产业升级和人民智慧生活的需求。

广义的算力基础设施是融算力生产、算力传输和IT能力服务为一体的ICT服务。考虑到算力本身是通过硬件、操作系统、数据库产业生态，算力资源与网络传输的共同作用，算力服务与社会生活的相互促进，算力基础设施应既包含提供算力资源的实体、配套使用的存储资源、助力算力应用的数字技术，又涵盖通过敏捷弹性的云计算、提供算力资源输送的网络基础设施对外提供服务等内容。这更符合我国经济社会数字化转型，对算力多元化供给、普惠化使用、便捷化连接的现实需要。

算力基础设施是新基建的核心组成部分，对于我国数字经济发展支撑意义重大。一方面，通过深度应用互联网、大数据、人工智能等新兴技术，算力基础设施支撑传统基础设施转型升级，形成融合基础设施；另一方面，通过持续支持科学研究、技术开发和产品研制，算力基础设施支撑创新基础设施的落地建设和创新发展。在全球经济状态低迷、国际贸易冲突加剧的态势下，算力基础设施具备固定资产投资和数字基础设施双重属性，可推动我国经济高质量发展。短期来看，算力基础设施能够发挥固定资产投资的作用，发挥投资的"逆周期"调节作用，助力稳投资、扩内需，缓解当下之急；长期来看，算力基础设施能够促进数字基础设施的建设发展，有助于力行供给侧结构性改革，实现新旧动能转换、增长方式转型的经济高质量发展。

二、算力基础设施的发展趋势

（一）多元算力需求推动算力基础设施规模大幅增长

数据中心方面，从产业需求来看，5G、工业互联网、物联网、人工智能等信息技术与应用正加速发展和布局，数据量暴增，对数据中心的需求不断增长。预计未来几年，我国数据中心产业仍将继续保持高速增长趋势。智能计算中心方面，随着AI算力需求的增加和新基建政策的推动，AI算力进入需求加速期，而传统算力受效率、功耗和成本的限制提升缓慢，且用于AI专属计算性价比较低。按照AI基础架构规模增速来看，未来AI算力增速将达到60%以上。超算中心方面，随着产业升级和企业数字化转型加快，高性能算力需求不断旺盛，超算中心也将在"十四五"期间迎来新发展阶段。边缘数据中心方面，未来随着5G、工业互联网建设推进，边缘算力需求将日益增加，边缘数据中心建设部署将进一步加快。

（二）算网协同实现算力资源的优化整合和敏捷连接

随着5G、物联网和工业互联网等技术的发展，海量边缘数据爆发式增长，以云计算为核心的集中式大数据时代，在网络延迟、隐私安全和能效等方面已无法满足边缘数据处理需求，边缘计算应运而生，算力需求从云和端向网络边缘扩散下沉，高效算力需要深度融合计算和网络，实现计算资源和网络资源的敏捷连接。算网融合通过网络分发服务节点的算力信息、存储信息、算法信息等，结合网络信息（如路径、时延等），针对用户需求，提供最佳的资源分配及网络连接方案，从而实现整网资源的最优化使用。算网协同的最终形态，或将形成多种算力交易平台、算力交易商店，满足从多层次计算资源面向多样性终端算力使用需求。

（三）算力基础设施泛在布局保障算力普惠化服务

数据中心方面，大型数据中心和边缘数据中心将协同发展。"十四五"规划提出加快构建全国一体化大数据中心体系，建设若干国家枢纽节点和大数据中心集群。国家发展和改革委员会、工业和信息化部等四部门发布《关于加快构建全国一体化大数据中心协同创新体系的指导意见》《全国一体化大数据中心协同创新体系算力枢纽实施方案》，提出建设全国一体化算力网络国家枢纽节点，为我国数据中心产业布局指明方向。随着边缘计算的推广应用，边缘数据中心在业界逐步探索建设应用，互联网头部企业纷纷开启边缘计算节点布局。超算中心方面，地方政府和高校正提速建设超算中心，并着力打造超算互联网，进一步降低超算算力使用成本和连接难度。智算中心方面，我国各地政府掀起智算中心建设潮，智算中心算力规模迅速扩大，为人工智能算力的商业普惠应用提供了良好的基础。

（四）绿色低碳是算力基础设施建设运营的主旋律

2006年开始，随着互联网快速发展，全球数据中心规模高速增长，能效水平成为产业关注热点，封闭冷热通道、提高出风温度、优化供配电设备效率、充分利用自然冷源等绿色节能技术不断推广应用，数据中心能效管理从粗犷发展进入精细管理，全球数据中心总体能效水平快速提高，我国数据中心能效水平不断提升，部分优秀绿色数据中心案例已全球领先。算力基础设施的供配电系统、冷却系统等设施组成功能与数据中心相似，数据中心领域应用的新一代绿色技术已经外溢到整个算力基础设施领域，如高压直流、预制化、液冷、自然冷却等。为应对全球气候变化和实现绿色发展，我国提出"双碳"发展战略，"双碳"战略的提出将从内而外改变算力基础设施建设运营的方式。从建设上看，预制化将加快算力基础设施向内外纵深扩展；从产品上看，供配电系统、制冷系统、IT设备等将会朝着节能高效的方向发展；从运营上看，智能运维、余热回收、可再生能源将会在算力基础设施领域充分应用。

三、算力基础设施建设面临的挑战

（一）多元算力设施建设薄弱，产业生态体系仍需完善

设施层面，当前数据中心规模占比最高，而超算中心、智算中心和边

缘数据中心总体规模较小，出现专用算力不足、部分地区通用算力过剩、能耗成本过高的局面，无法满足国防科技、产业转型和社会生活对于多元普惠算力的需求。生态层面，多样性算力面临挑战，硬件、操作系统、数据库的多样性算力产业体系需多方共建，软硬件自主研发投入不足，标准评测体系有待完善。国内硬件产品存在严重的同质化竞争现象，软件投入和应用难以支撑上层业务发展。算力衡量指标多维，而现有标准化工作推进不够完善，因此算力还无法像水电一样标准化衡量；平台兼容性问题突出，不同OS、固件、整机、芯片平台兼容性问题突出，制约了产业的进一步发展。

（二）算力标识和度量尚未统一，算网融合处于研究阶段

算力的标识和度量是全网算力资源衡量的基础，也是算力资源与应用需求敏捷对接的首要步骤。算力的统一标识和度量需要考虑诸多因素，在计算系统中，需要考虑精度、操作、指令、芯片、系统级的分层度量，不同的计算机对不同的应用有不同的适应性，因此很难建立一个统一的标准来比较不同计算机的性能。而且，算网协同中的算力标识度量不仅与硬件资源的计算能力、存储能力和通信能力密切相关，也取决于计算节点的服务能力和业务的支撑能力。当前，算网协同处于研究阶段，针对其实现路径业内存在较多的讨论，中国移动、中国联通等运营商提出了相关的实现路径和实践案例，预计未来仍需大量的标准化工作和技术研究工作。

（三）算力布局供需失衡，服务实体经济比例严重不足

国内算力布局存在供需对接失衡，主要体现在3个方面。一是中西部地区算力过剩，中西部地区应用需求不足，导致供给余量较大，"东数西算"模式尚未形成规模，造成资源闲置和浪费。二是用于产业互联网的算力不足，过去十年，主要由消费互联网带动算力市场发展，而未来

十年，产业互联网将是算力市场发展的主要动力，在不考虑网络等因素的情况下，当前的算力建设应用显然存在与产业互联网发展需求不匹配的情况。当前，算力基础设施服务于传统行业和实体经济的比例较低，以提供通用算力为主的数据中心市场为例，服务于传统行业的比例不足10%。三是算力使用门槛较高，企业缺乏相关数字化转型人才，无法直接使用算力资源，因此需要通过云服务的方式提供算力服务，并通过低代码无代码提升软件开发效率，最大化降低人力和时间成本，降低算力使用门槛。

（四）算力基础设施整体能耗和碳排放不容忽视

算力基础设施的发展，很大程度上带来人力的解放和生产效率的提升，有助于提升社会整体能效，加速实现碳减排和碳中和，但是未来，随着算力基础设施规模的不断增长以及人工智能等更高算力密度需求技术的普及，算力基础设施自身的能耗和碳排放也将带来不小的挑战。据中国信息通信研究院云计算与大数据研究所测算，到2030年，我国数据中心耗电量将超过3800亿千瓦时，如果不采用可再生能源，碳排放量将超过2亿吨，算力基础设施的绿色低碳亟待关注。近年来，以降低PUE为主要节能途径的方法取得了较大的成效，但同时，全球算力基础设施的PUE降低放缓，节能改造与建设的边际效益逐步降低，进一步提高能效需要投入更多成本；另外，部分传统数据中心负载率不高、绿色管理不到位等造成数据中心能效改善效果不明显。

四、促进算力基础设施高质量发展的相关建议

（一）筑基多元算力产业，有序推进算力基础设施建设

提升算力基础设施关键技术研发能力，稳固产业链基础，包括基础软

硬件自主研发，不同OS、固件、整机、芯片平台兼容性改善，多元算力评测基准体系构建等方面，推动行业标准化、通用化，促进各产品兼容性相关测试规范和标准的制定，并开展多元算力测试验证促进产业链成熟。有序分类建设算力基础设施，持续支撑消费互联网的算力需求，有序应对产业互联网发展带来的算力需求增长，同时避免建用不匹配的资源浪费，综合考量科研院所、产业应用、城市治理和用户需求等因素，建设与数字经济相适应的算力基础设施。

（二）深入算网协同研究，积极促进算力和网络协同发展

加强算网协同技术研究和应用实践，深入探讨算网协同工作重点、难点和发展路径。一方面，加快网络优化和技术创新，联合应用方、设备供应商、第三方数据中心运营商、科研院校等产业界多方力量，通过标准的联合制定，形成面向社会各行各业、各类用户使用的网络，开展技术研究和产业应用创新，形成更好的算力传输网络。另一方面，开放算力市场，鼓励民间资本积极参与，形成竞争充分、服务优先、效率至上的算力市场，激发算力提供的水平以及算力消费的能力。通过对网络和算力的双方面推动，逐渐推动网络和算力的协同、融合以提供一体化的算力服务。

（三）统筹算力资源布局，持续推动算力应用向传统行业渗透

统筹协调算力资源，各类算力基础设施需求各异，应分类引导、施策。从网络质量要求来看，对时延丢包、供电能力、运行稳定性、安全性要求极高的业务，应推动市场按需部署边缘数据中心；对时延丢包、运行稳定性的要求较高的业务，应重点布局京津冀、长三角、粤港澳、成渝等地区数据中心和云算力集群。从算力类型来看，对于满足国家、地方重大政务应用、科研需求的超算中心，应以应用需求为牵引开展建设和应用；对于人工智能训练、推理有需求的业务，应推进技术提供方、产业用户等

加快智能计算中心建设。推动算力服务与传统行业的技术融合、人才交流和商业合作，一方面加强技术研究和标准研制，推进低代码无代码开发平台的相关标准工作。另一方面，通过示范试点工程为传统行业数字化转型的成果应用提供大规模推广的基础，相关管理部门在立项、资金程序管理、奖励申报等方面为示范试点项目优先提供支持。

（四）关注绿色低碳算力，坚持探索绿色节能低碳减排新技术

完善算力基础设施绿色低碳监管体系，以电能利用效率PUE、水资源利用效率WUE、碳利用效率CUE等指标作为抓手，逐步完善算力基础设施对于节能产品、节能系统、可再生能源和清洁能源以及碳使用管理等绿色低碳管理体系，大力开展节约资源、节能降耗的算力基础设施关键技术的研发，如液冷、高压直流电（High Voltage Direct Current，HVDC）、模块化UPS等绿色高效技术，以及氢能、储能、可再生能源、碳捕集与封存（Carbon Capture and Storage，CCS）技术等节能减排技术，以及碳金融、碳管理等手段。建立健全算力基础设施全生命周期评价体系，加强算力基础设施绿色低碳运营能力建设，逐步将算力基础设施接入能耗监测平台，并探索对算力基础设施实际使用效率进行监测，加强算力基础设施项目的节能审查和老旧改造。

五、结束语

算力基础设施是在技术升级、产业应用和经济转型共同作用下形成的新型基础设施，包含数据中心、超算中心、智算中心以及边缘数据中心等，将呈现计算异构、算网协同、算力泛在、绿色低碳等重要发展趋势，短期内能够助力稳投资、扩内需，长期能够促进数字基础设施的建设，有助于力行供给侧结构性改革，支撑数字经济高质量发展。尽管我国算力基础设施已经具备良好的发展基础，具有强大的发展动力，但当

前在多元异构算力的产业生态、算网融合技术演进、算力服务泛在普惠和算力基础设施产业的绿色低碳发展方面仍然存在一定的挑战，未来仍需加强顶层设计，分类引导施策，深入技术研究，健全标准规范，优化绿色低碳。

《信息通信技术与政策》2022年第3期

陆

机遇与困难并存：算力的发展趋势

让算力不再"卡脖子"

——组建超大规模高速广域计算大集群，提升国家综合算力

中信改革发展研究基金会"安全可信多边数据治理机制"课题组

全球数字化的角逐已然是一场殊死革命

数字驱动已成为科技创新的范式，而国家超大综合算力则是现代综合国力的重要组成部分和实现人工智能发展的重要基石。当前，以ChatGPT为代表的人工智能技术（涉及通用人工智能和AI大模型）取得了突破性进展，通过数据、算力和AI模型，改变认知、探索前沿已呈现出重大的示范意义和启示作用。这标志着数字智能时代的到来，表现出对社会经济发展各领域具有超越认知的渗透性、扩散性和颠覆性，展示出驱动历史发展的内生动力十分强劲。美国在这一领域处于领先地位，其通过封锁技术和严格输出相关产品，不断挤压我国发展空间，并对我国安全与发展形势构成了全方位、多维度的压力、挑战与威胁。对此，中国必须做出反应和付诸行动，这关乎10年、20年甚至未来较长时期我国在全球创新、社会发展、国家博弈和企业竞争中的地位与作用。在全球新一轮数字技术竞争的赛道上，不能一抬头，世界已经走远，中国必须制定国家战略，咬住强者，应对挑战，选择"以网强算、算网融合"的发展路径，破解发展难题，重塑发展格局。

以全球的视角看待与迎接数字革命的挑战

在获取、表达、存储、传输、处理、交付信息中，中国新一轮人工智能技术的发展障碍在算力。历史形成的算力分散现状与算力分治的体制相关，造成可用性算力能力和AI大模型所需算力能力不强，这是制约我国的真正瓶颈。仅以GPT-3为例，其早期版本算力消耗约为3640PF-days（即假如每秒计算一千万亿次，需要计算3640天），以国内一个投资超30亿元、算力500P的数据中心为例，支撑GPT-3正常运行的算力消耗超出了单个数据中心8倍的计算能力。

我国算力总量仅次于美国，居全球第二，但差距反映在美国拥有全球最领先的芯片能力、硬件水平和金融资本偏好上；反映在少数科技头部企业打造出的是全球集中度最高的算力总量。我们的问题是目前算力资产确权在各个机构手中，运行体制和运行方式呈现分治与分散的状况，从而算力能力很难集合成满足人工智能大模型需要的算力。

算力的提升离不开高性能芯片和相关先进服务器技术。美国对我国严格禁售计算芯片、网络芯片，严格限制服务器等相关技术输出，这种供应链、科技链断链的状况短期内不会得到缓解和改善。因此，我国靠自己在短期内解决芯片代际差距，集中投资高密度算力设施都是不现实的，更不可能将我国数据与信息全面暴露和置于美国领先的人工智能系统控制之下，因为这将构成对我们发展的进一步制约和国家安全的严重威胁。

算力能力已经不是单纯的技术问题，而是国家竞争战略和行动重要的组成部分。我们必须以自己的方式和选择的路径，破解新一代人工智能产业发展的瓶颈问题。

"以网强算、算网融合"的中国方案

我国不能按照美国的方式和路径构建集中度很高的算力能力，只能寻找适合我国发展阶段的"以网强算、算网融合"这一解决方案。在总算力规模和全球领先的通信网络基础上,利用自主可控的创新技术,建设超大规模高速广域计算集群("大集群"),提升国家综合算力能力("大算力")是现实选择的中国落地方案。

构成一张统一可灵活调用算力的集群算力网络,有效支撑通用人工智能和AI大模型对算力的需求,我国在技术层面具备三个有利条件:第一,已建成全球规模最大、技术领先的网络基础设施,具备全球优势,总算力规模也具有良好基础,且发展势头强劲;第二,在分散的计算中心间,利用经过国家实验室实测验证的自主可控的超远距离、高通量、高速度、低时延技术和产品,实现计算中心的网络联结,就是拓宽了的数据传输网络的"高速公路";第三,分布式训练是国际常用并规模部署的大规模人工智能训练技术,我国在该领域既有多方安全计算的国际原创,又有多方联合训练的前沿研究,并取得了优异的成果。

建设"大集群",实现"大算力"的工程怎么干

"大算力"是由国家主导、国家与社会共建、市场化运营的国家大科学工程基础设施。为此设计一整套体制机制方案和分步实施方案,实现资源上优化配置,技术上联合攻关,标准上互认互信,机制上协同协作,利益上公平体现。按照这个定位和思路,利用新型创新体制优势,解决以下四个问题。

一是将"以网强算、算网融合"上升到国家大科学工程基础设施的国家战略层面进行规划与建设,制定目标、统筹规划,编制实现工程化落地运行的时间表和路线图。

二是在强对抗的竞争态势下,要实现大算力零到一的突破。与美国"技术+金融资本"模式不同,我国算力集中度不高,零到一的阶段缺乏资本投入,因此,我国应当选择国家主导先期投入,采取国家与社会共建模

式，从而带动社会资本进入生成式人工智能时代的应用领域，为企业提供创新的大机遇和实施条件。同时应避免出现资本蜂拥而至的情形，避免形成新的算力过剩，造成大面积内卷和极大浪费。

三是要明确创新体制是实现数字中国伟大构想的关键。数字化生态进化的方式离不开场景的开发和应用，离不开创新型企业群体的兴起。积极营造创建创新型国家的生态环境是艰巨的任务，国家层面要抓好三件大事。第一，营造好"善治"与"宜商"的市场环境，在政策环境、法治环境和舆论环境上保持逻辑的一致性、稳定性和可预期性。实现市场主体地位平等和资源条件平等，公开、公正、公平竞争。第二，整合数字化能力。第三，抓好技术开源的国家引领。唯此才能占领未来产业竞争的制高点，推动产业创新经济体的兴起。随着创新型企业群体的兴起，国家数字化产业和产业数字化发展的局面将大为改观，创造出更多的财富回馈国家和社会，实现社会、经济、科技发展的良性循环。

四是让市场运行机理、机制、标准和规则在调动算力、使用算力资源中起决定作用，使其能够更广泛地汇聚算力资源，可持续健康发展。

形成统一的算力网，须同步推进以下四方面工作。

一是大规模算力的底座是数字中国的公用基础设施，策略上要为我国争取发展时间，减缓各界焦虑，对冲美国强化技术封锁的进攻态势，收窄中美技术发展差距创造条件。经过两年的努力，基本形成优质快速、便捷绿色的高质量算力支撑，为推动各类 AI 计算模型的广泛发展提供实施条件。

二是在示范算力集群网络的基础上，进一步在算力集群网络架构、调度、测量、交易、安全等关键技术路径上，联合攻关，研究设立国家标准（广域 RDMA 通信、分布式异构计算、算力链接标准），增强互认互信，强化协同共建，建立算力运营、调度、计量、交易等管理机制，逐步优化形成算力集群网络建设部署、运维管理、效能提升、长远发展等多层面、多维度、更加科学的顶层规划。

三是把握数字化永远是平台驱动的特性，构建三个功能性平台。

1.在技术上破除算力分治的体制性障碍，通过统一标准打通各计算中心的广泛链接，形成大容量、长距离、高速度、高容损一体化的算力集群网络，实现可计量、可调度、可使用的算力。以算力集群网络发展技术方向，带动芯片、通信领域技术发展，持续建设更快更强的中国版算力强网。

2.建立调度、分配、动用算力的生产系统和监管机制，在可实施和可实现的基础上健康发展。

3.以市场化的方式运行，有偿使用算力。将算力作为重要的生产力要素，为分散在各个计算中心的算力提供交易平台和配套的制度安排，建立一套与算力使用相关的市场运作机制与规范。

四是GPT开启了定义性时代，没有强大的算力支持不了大模型，但算力也并非越大越好，应立足满足当下需求。当下，通过通用人工智能的支持，解决垂直领域应用的需求极为迫切，例如：解决工业数据的关联与融合，工业软件的开发与工程化的模拟验证实验，为首台套、首批次、首版次的应用提供可靠依据，缩短成果转化周期，从而提升科研成果的转移转化率和产业化率，促进更多的中小企业转型升级为隐形冠军。将线下线上融合的数字化新型社会信用体系建设提上议程，强力推进社会有序、公民有信的数字化新型社会信用体系建设，将会大大减少社会治理成本的支出。国家事权机构对应身份证信息，给每一个公民颁发一个唯一数字身份标识，将需要信用评价的行为确权后在技术上实现归集，并将伴随一生的信用记录纳入信用评价体系进行管理。其他如态势感知决策支持系统、智慧城市的智能建造与运营管理、现代金融体系的构建与运行等领域应用也都离不开通用人工智能技术的支持。

《经济导刊》2023年第4期

编辑后记

当前，我国数字经济产业正蓬勃发展，算力作为强大引擎为经济高质量发展提供动能，同时，国家有关部门出台《算力基础设施高质量发展行动计划》等政策规划，算力成为赋能千行百业的重要生产力。

在此背景下，我们选取中国信息通信研究院、北京航空航天大学等单位的多位专家学者在权威报刊发表的文章汇编成图书《科技前沿课：算力》。图书围绕算力的内涵意义、算力的应用场景和领域以及算力的发展趋势等，进行全面深入的探讨和分析，希望能够帮助广大读者了解当前数字经济和算力的发展态势，同时为相关领域的从业者、研究者、决策者提供一定的参考。

成书过程中，我们邀请中国信通院规划所人工智能与数据治理中心副主任王强担任本书的特约审稿，在此谨表诚挚谢意。同时，考虑到图书的整体性、通俗性和易读性，编辑过程中，对文章的体例、格式进行了统一，对部分内容进行了少许调整，请作者谅解。

由于水平所限，疏漏在所难免，敬请读者指正。